Mathematik im Fokus

Kristina Reiss
TU München, School of Education, München, Deutschland

Ralf Korn
TU Kaiserslautern, Fachbereich Mathematik, Kaiserslautern, Deutschland

Weitere Bände in dieser Reihe:
http://www.springer.com/series/11578

Die Buchreihe Mathematik im Fokus veröffentlicht zu aktuellen mathematikorientierten Themen gut verständliche Einführungen und prägnante Zusammenfassungen. Das inhaltliche Spektrum umfasst dabei Themen aus Lehre, Forschung, Berufs- und Unterrichtspraxis. Der Umfang eines Buches beträgt in der Regel 80 bis 120 Seiten. Kurzdarstellungen der folgenden Art sind möglich:

- State-of-the-Art Berichte aus aktuellen Teilgebieten der theoretischen und angewandten Mathematik
- Fallstudien oder exemplarische Darstellungen eines Themas
- Mathematische Verfahren mit Anwendung in Natur-, Ingenieur- oder Wirtschaftswissenschaften
- Darstellung der grundlegenden Konzepte oder Kompetenzen in einem Gebiet

Mathias Richter

Inverse Probleme

Grundlagen, Theorie und
Anwendungsbeispiele

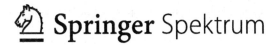 Springer Spektrum

Mathias Richter
Fakultät für Elektrotechnik und Informatik
Universität der Bundeswehr München
Neubiberg, Deutschland

ISBN 978-3-662-45810-5   ISBN 978-3-662-45811-2 (eBook)
DOI 10.1007/978-3-662-45811-2

Die Deutsche Nationalbibliothek verzeichnet diese Publikation in der Deutschen Nationalbibliografie; detaillierte bibliografische Daten sind im Internet über http://dnb.d-nb.de abrufbar.

Mathematics Subject Classification: 65F22, 65J20, 65J22

Springer Spektrum

Springer-Verlag GmbH Berlin Heidelberg ist Teil der Fachverlagsgruppe Springer Science+Business Media
(www.springer.com)

Vorwort

Ὄψις γὰρ τῶν ἀδήλων τὰ φαινόμενα.
(Die Phänomene eröffnen eine Sicht auf das Verborgene.)
ANAXAGORAS

Es gibt keine mathematische Definition **inverser Probleme**. In Technik und Naturwissenschaft hat es sich jedoch eingebürgert, von einem inversen Problem zu sprechen, wenn

- eine Abbildung $T : \mathbb{U} \to \mathbb{W}$ gegeben ist, die einen Kausalzusammenhang zwischen einer Ursache $u \in \mathbb{U}$ und der entsprechenden Wirkung $T(u) \in \mathbb{W}$ modelliert und
- die Aufgabe zu lösen ist, aus einer Wirkung $w \in \mathbb{W}$ auf eine Ursache $u \in \mathbb{U}$ mit $T(u) = w$ zu schließen. Die Berechnung von $w = T(u)$ zu *gegebenem* $u \in \mathbb{U}$ heißt **direktes Problem**.

Es kann sein, dass eine bestimmte Wirkung erwünscht ist und danach gefragt wird, wie sie zu erzielen sei. Dann spricht man von einem **Steuerungsproblem**. Im Folgenden geht es nur um den anderen Fall, dass eine Wirkung beobachtet und nach ihrer Ursache gefragt wird. Diese Fragestellung tritt auf, wenn eine interessierende physikalische Größe nicht direkt gemessen werden kann, sondern nur indirekt über eine verursachte Wirkung zugänglich ist. Man spricht dann von einem **Identifikationsproblem**. Es gibt viele Beispiele für Identifikationsprobleme in Naturwissenschaft und Technik, etwa

- in der Geophysik (das Gravitationsgesetz erlaubt die Berechnung der Gravitationskraft bei bekannter Masseverteilung. Die Umkehrung hiervon ist es, aus Messungen der Gravitationskraft auf Masseverteilungen zu schließen. Eine Anwendung ist die Suche nach Lagerstätten von Rohstoffen, die sich durch ihre spezifische Masse von umgebendem Gestein unterscheiden),
- in der Medizintechnik (das Beersche Gesetz erlaubt die Berechnung der Intensitätsabnahme eines Röntgenstrahls, der ein Gewebe mit bekannter Dichteverteilung durchdringt. Die Umkehrung hiervon ist es, aus Messungen der Intensitätsabnahme von Röntgenstrahlen auf die Dichteverteilung eines Gewebes zu schließen. Eine Anwendung ist die Darstellung des Körperinnneren in der Computertomographie),

- in der Verfahrenstechnik (die Wärmeleitungsgleichung beschreibt die Ausbreitung von
  Wärme bei bekannten, zeit- und ortsabhängigen Wärmeleitkoeffizienten des erwärmten
  Materials. Die Umkehrung hiervon ist es, aus Temperaturmessungen auf Wärmeleitkoeffizienten zu schließen. Eine Anwendung ist die Überwachung von Materialver-
  schleiss bei Verbrennungsvorgängen) oder
- in der Elektrotechnik (das Gesetz von Biot-Savart beschreibt die Induktion eines Magnetfelds bei bekannter Stromdichte. Die Umkehrung ist der Rückschluss auf eine
  Stromdichte aus Messungen des Magnetfelds. Eine Anwendung ist die Untersuchung
  und Optimierung von Lichtbögen beim Schweißen).

Inverse Probleme weisen häufig die Schwierigkeit auf, dass ihre Lösung u extrem sensitiv von der Wirkung w abhängt, das heißt zwei sehr ähnliche Wirkungen können zwei
sehr unterschiedliche Ursachen haben. Wenn dann, wie es in der Praxis immer der Fall
ist, nur fehlerbehaftete Messwerte von w zur Verfügung stehen, die bestenfalls zu einer
hypothetischen Wirkung $\tilde{w} \neq w$ passen, ist es ganz unabhängig von der zur Verfügung
stehenden Rechenleistung und -genauigkeit unmöglich, die wahre Ursache u von w zu
finden: Einerseits ist eine Lösung von $T(u) = w$ nicht möglich, da nur eine Näherung
$\tilde{w}$ von w bekannt ist. Andererseits ist eine Lösung von $T(u) = \tilde{w}$ aufgrund der Sensi-
tivitätsproblematik sinnlos, denn man würde ein u erhalten, das mit der wahren Ursache
nichts zu tun hat. Wenn allerdings von der gesuchten Lösung u nicht nur bekannt ist, dass
es sich um die Lösung von $T(u) = w$ handelt, sondern eine *zusätzliche Information* der
Art „u hat die Eigenschaft E" vorliegt, dann ist es sinnvoll, folgendes Ersatzproblem zu
betrachten: Man finde in der Menge aller Ursachen $\tilde{u}$, welche die Eigenschaft E haben,
eine solche, dass der Abstand von $T(\tilde{u})$ zu $\tilde{w}$ minimal wird. Wenn die Lösung $\tilde{u}$ dieses
Ersatzproblems weniger sensitiv von der Wirkung $\tilde{w}$ abhängt als die Lösung u des Origi-
nalproblems von w, dabei aber gegen u strebt, wenn $\tilde{w}$ gegen w strebt, dann nennt man
dies eine **Regularisierung** des inversen Problems.

Es gibt viele ausgezeichnete Mathematikbücher über inverse Probleme, in deren Zen-
trum die Analyse von Sensitivitäten und von Strategien der Regularisierung stehen, erwähnt seien nur die Werke [21], [19], [17] und [31]. Deren Autoren bedienen sich alle
der mathematischen Theorie der Funktionalanalysis, das heißt der Analysis und linearen
Algebra in unendlichdimensionalen Räumen. Dies hat den Vorteil, dass das Wesentliche
der inversen Problemen anhaftenden Schwierigkeiten bündig dargestellt und analysiert
werden kann. Andererseits stellt die abstrakte Funktionalanalysis für viele an inversen
Problemen Interessierte eine recht hohe Zugangshürde dar. Es ist das erste Ziel des vorliegenden Buchs, einen Zugang zu inversen Problemen zu bieten, ohne mehr mathematisches
Wissen in Analysis, Matrizen- und Wahrscheinlichkeitsrechnung vorauszusetzen, als in
den ersten beiden Jahren eines Ingenieurstudiums vermittelt wird. Aus der Funktionalanalysis wird im Wesentlichen nur die abstrakte Auffassung von Funktionen als Vektoren
benötigt und diese wird nicht als bekannt vorausgesetzt, sondern explizit dargelegt. Die
allgemeine Theorie der Regularisierung von Operatoren wird nicht behandelt. Stattdessen
werden inverse Probleme erst diskretisiert, also durch ihre endlichdimensionalen Ana-

loga, zumeist Gleichungssysteme oder allgemeiner Ausgleichsprobleme näherungsweise beschrieben, und dann werden *diese* regularisiert. Ein zweites Anliegen ist es, die Darstellung des Stoffs an den Etappen zu orientieren, die bei der praktischen Lösung inverser Probleme zu bewältigen sind. Einer ausführlichen Besprechung konkreter Diskretisierungen, von Regularisierungsstrategien und Berechnungsmöglichkeiten für Regularisierungsparameter sowie einer Illustration hiervon an Beispielen wird mehr Raum gegeben als einer möglichst allgemeinen Darstellung. Details zu numerischen Verfahren werden weggelassen, da die meisten Anwender ohnehin auf fertige Programmpakete zurückgreifen.[1]

Begonnen wird im ersten Kapitel mit der Vorstellung von vier repräsentativen und gleichzeitig anwendungsrelevanten Beispielen inverser Probleme. Es folgt ein technischer Abschnitt, in dem Vektorräume eingeführt werden, deren Elemente Funktionen sind. Dies dient einer vereinheitlichten Beschreibung inverser Probleme als zu lösende Gleichungen in Vektorräumen auch in den Fällen, wo Ursache und Wirkung von Zeit und/oder Ort abhängen, also Funktionen sind. In diesem formalen Rahmen wird dann die oben angesprochene, für inverse Probleme typische, erhöhte Sensitivität als sogenannte „Schlechtgestelltheit" charakterisiert. Das zweite Kapitel bringt die Analyse eines Spezialfalls, nämlich *linearer* inverser Probleme für nur *endlich viele* unbekannte Parameter. Dies sind lineare Gleichungssysteme oder allgemeiner lineare Ausgleichsprobleme. Hier steht mit der Konditionszahl ein Maß zur Verfügung, mit der Schlechtgestelltheit bewertet werden kann. Außerdem treten Ausgleichsprobleme auch auf, wenn man, wie im dritten Kapitel beschrieben, Gleichungen $T(u) = w$ für Funktionen u und w durch Diskretisierung näherungsweise in Gleichungen $f(x) = y$ für Vektoren $x \in \mathbb{R}^n$ und $y \in \mathbb{R}^m$ überführt, um diese numerisch zu lösen. Wichtig ist die Frage nach den bei der Diskretisierung entstehenden Fehlern. Dazu muss geklärt werden, in welchem Sinn ein Vektor $x \in \mathbb{R}^n$ Approximant einer Funktion sein und „gegen diese konvergieren" kann. Ein von der „direkten" Diskretisierung abweichendes, anhand von Beispielen besprochenes Vorgehen ist es, die Gleichung $T(u) = w$ erst nach einer (Fourier-) Transformation zu diskretisieren. Dies kann auf besonders effiziente Rechenverfahren führen. Die durch Diskretisierung linearer inverser Probleme entstehenden linearen Gleichungssysteme oder Ausgleichsprobleme erben die Eigenschaft, dass ihre Lösung äußerst sensitiv von der (diskretisierten) Wirkung abhängt. Die Berechnung einer aussagekräftigen Näherungslösung ist dann nur möglich, wenn eine regularisierte Variante des Problems gefunden wird. Darum geht es im vierten Kapitel, in dessen Mittelpunkt die nach Tikhonov und Phillips benannte Regularisierungsmethode steht. Auf nichtlineare inverse Probleme wird im fünften Kapitel im Wesentlichen nur anhand eines Beispiels eingegangen, welches stellvertretend für den Problemkreis der Parameteridentifikation bei Differentialgleichungen steht. Gefragt wird dabei nicht nach der Lösung eines Anfangs- oder Randwertproblems für eine gegebene Differentialgleichung, sondern bei bekannter Lösung nach einer unbekannten Koeffizi-

---

[1] Bei der Erstellung dieses Buchs wurden MATLAB in der Version [22] sowie die C-Programme aus [28] verwendet.

entenfunktion der Differentialgleichung. Benötigte Kenntnisse aus der linearen Algebra werden in Anhang A aufgelistet.

Ich bedanke mich bei Herrn Clemens Heine vom Springer Verlag für seine Förderung dieses Buchs und die sehr angenehme Zusammenarbeit. Meinem Kollegen, Herrn Professor Stefan Schäffler, danke ich herzlich für die kritische, mir sehr wertvolle Durchsicht meines Manuskripts und das freundschaftliche Interesse, mit dem er meine Arbeit seit vielen Jahren begleitet und unterstützt. Von Herzen danke ich Herrn Professor Christian Reinsch, der mich als Lehrer entscheidend geprägt hat.

Inhaltsverzeichnis

1 Charakterisierung inverser Probleme 1
   1.1 Beispiele inverser Probleme 1
   1.2 Funktionenräume 9
   1.3 Schlecht gestellte Probleme 19

2 Lineare Ausgleichsprobleme 23
   2.1 Mathematischer Hintergrund 23
   2.2 Sensitivitätsanalyse linearer Ausgleichsprobleme 26

3 Diskretisierung inverser Probleme 33
   3.1 Approximation mit Splinefunktionen 34
   3.2 Messung von Wirkungen 38
   3.3 Diskretisierung durch Projektionsverfahren 42
   3.4 Diskretisierung bei Fourier-Rekonstruktionen 56

4 Regularisierung linearer inverser Probleme 67
   4.1 Regularisierungsverfahren 67
   4.2 Tikhonov-Regularisierung 70
   4.3 Iterative Verfahren 88
   4.4 Regularisierung von Fourier-Rekonstruktionen 91

5 Regularisierung nichtlinearer inverser Probleme 101
   5.1 Parameteridentifikation bei Differentialgleichungen 101
   5.2 Diskretisierung des Parameteridentifikationsproblems 103
   5.3 Tikhonov-Regularisierung nichtlinearer Ausgleichsprobleme 106
   5.4 Lösung nichtlinearer Ausgleichsprobleme 115

Anhang A: Resultate aus der Linearen Algebra 119

Literatur 125

Sachverzeichnis 127

Zunächst werden an vier Beispielen die Bedeutung inverser Probleme in technischen Anwendungen sowie die mit ihrer Lösung typischerweise verbundene Schwierigkeit der extremen Empfindlichkeit des Resultats gegenüber Datenungenauigkeiten aufgezeigt. Um diese Schwierigkeit, die sogenannte „Schlechtgestelltheit" inverser Probleme mathematisch exakt zu formulieren, werden inverse Probleme als Gleichungen in Vektorräumen beschrieben.

1.1 Beispiele inverser Probleme

Beispiel 1.1 (**Bestimmung von Wachstumsraten**) Das Anfangswertproblem

$$w'(t) = \frac{dw(t)}{dt} = u(t) \cdot w(t), \quad w(t_0) = w_0 > 0, \quad t_0 \leq t \leq t_1, \quad t_0 < t_1, \quad (1.1)$$

beschreibt einen Wachstumsprozess. Es könnte etwa $w(t)$ die Größe einer Population von Bakterien zur Zeit t bezeichnen, w_0 die bekannte anfängliche Größe und $u(t)$ die zeitlich veränderliche Fortpflanzungsrate, entsprechend veränderlichen Lebensbedingungen für die Population. Für gegebenes stetiges $u : [t_0, t_1] \to \mathbb{R}$ gibt es eine eindeutig bestimmte, stetig differenzierbare Lösung $w : [t_0, t_1] \to (0, \infty)$ von (1.1), zu berechnen mit der expliziten Formel:

$$w(t) = w_0 \cdot e^{U(t)}, \quad U(t) = \int_{t_0}^{t} u(s)\, ds, \quad t_0 \leq t \leq t_1. \quad (1.2)$$

Bei gegebenem Anfangswert w_0 ergibt sich die Populationsgröße („Wirkung" w) also kausal aus der Fortpflanzungsrate („Ursache" u) und die Berechnung von w ist ein direktes

© Springer-Verlag Berlin Heidelberg 2015   1
M. Richter, *Inverse Probleme*, Mathematik im Fokus, DOI 10.1007/978-3-662-45811-2_1

Problem. Auch für das dazugehörige inverse Problem, bei bekanntem w die Rate u festzu-
stellen, gibt es eine explizite Lösungsformel, die sich direkt aus der Differentialgleichung
ableiten lässt:

$$u(t) = \frac{w'(t)}{w(t)} = \frac{d}{dt}\ln(w(t)), \quad t_0 \leq t \leq t_1. \tag{1.3}$$

Die Funktion u ist die Eingabe des direkten Problems und die Funktion w ist dessen Resultat. Beim inversen Problem ist umgekehrt w die Eingabe und u das Resultat. In der Praxis
werden die Eingabedaten eines Problems durch Messungen gewonnen. Dabei sind Fehler
unausweichlich. Diese resultieren zum einen aus Messabweichungen[1] bei jeder konkreten
Einzelmessung, zum anderen daraus, dass nur endlich viele Messungen möglich sind, aus
denen der Verlauf der Eingabefunktion approximativ rekonstruiert werden muss.

Beim direkten Problem haben solche unvermeidlichen Fehler nicht notwendig schlim-
me Folgen, denn wenn u und $\tilde{u}$ zwei unterschiedliche Eingaben sind mit

$$\max\{|u(t) - \tilde{u}(t)|; \ t_0 \leq t \leq t_1\} \leq \varepsilon,$$

dann ist für die entsprechenden Resultate w und $\tilde{w}$

$$\max\{|w(t) - \tilde{w}(t)|; \ t_0 \leq t \leq t_1\} \leq \varepsilon C$$

mit einer Konstanten C.[2] Der Fehler im Resultat des direkten Problems kann also beliebig
klein gehalten werden, wenn man dafür sorgt, dass der Eingabefehler entsprechend klein
bleibt. Das direkte Problem verhält sich stabil (robust) gegenüber Änderungen in den Eingabedaten. Ganz anders ist es beim inversen Problem. Man betrachte etwa die Paare aus

$$\text{Eingabe} \quad \left\{ \begin{matrix} w: & [t_0, t_1] & \to & \mathbb{R} \\ & t & \mapsto & e^{\sin(t)} \end{matrix} \right\} \quad \text{und Resultat} \quad \left\{ \begin{matrix} u: & [t_0, t_1] & \to & \mathbb{R} \\ & t & \mapsto & \cos(t) \end{matrix} \right\}$$

Näherungen der Eingabe sind die Funktionen

$$w_n: [t_0, t_1] \to \mathbb{R}, \quad t \mapsto w(t) \cdot \left(1 + \frac{1}{\sqrt{n}}\cos(nt)\right), \quad n \in \mathbb{N}, n \geq 2, \tag{1.4}$$

---

[1] Die Abweichung eines aus Messungen gewonnen Werts vom wahren Wert der Messgröße.
Der früher verwendete und in der mathematischen Literatur immer noch gebräuchliche Begriff
„Messfehler" wurde in der Messtechnik mit der Norm DIN 1319-1:1995 durch den Begriff „Mess-
abweichung" ersetzt. Der Begriff „Fehler" ist für ein Totalversagen der Messeinrichtung reserviert.
[2] Mithilfe von Theorem 12.V in [34] kann man

$$C = \frac{w_0}{\mu}e^{(\mu+\varepsilon)(t_1-t_0)}(e^{\mu(t_1-t_0)} - 1) \quad \text{für} \quad \mu := \max\{|u(t)|; \ t_0 \leq t \leq t_1\}$$

herleiten.

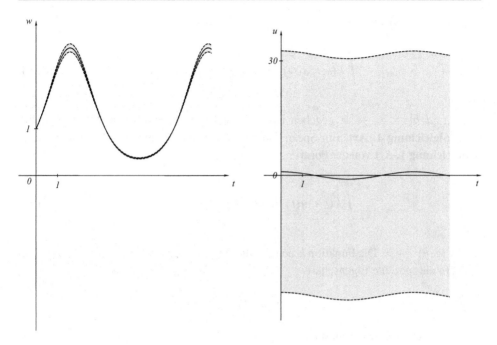

Abb. 1.1 Wirkungen w, w_n und Ursachen u, u_n in Beispiel 1.1, $n = 1000$

welche die Eigenschaft $\max\{|w_n(t) - w(t)|;\ t_0 \le t \le t_1\} \to 0$ für $n \to \infty$ haben. Die zu w_n gehörigen Lösungen des inversen Problems lauten

$$u_n : [t_0, t_1] \to \mathbb{R}, \quad t \mapsto u(t) - \frac{\sqrt{n}\sin(nt)}{1 + \frac{1}{\sqrt{n}}\cos(nt)}, \quad n \in \mathbb{N}, n \ge 2,$$

und diese entfernen sich immer mehr von u:

$$\max\{|u_n(t) - u(t)|;\ t_0 \le t \le t_1\} \to \infty \quad \text{für} \quad n \to \infty.$$

Je kleiner die Abweichung der Eingabe $w_n(t)$ von $w(t)$, desto größer die Abweichungen des Resultats $u_n(t)$ von $u(t)$! Der Grund hierfür ist, dass die Differentiation in (1.3) als Umkehrung der glättenden, Abweichungen ausmittelnden Integration in (1.2) notwendig ein aufrauender, Abweichungen verstärkender Prozess ist. Die explizite Lösungsformel (1.3) ist somit mathematisch korrekt, aber praktisch unbrauchbar. Abbildung 1.1 zeigt für $n = 1000$ die Funktionen w und u (jeweils fett) als Eingabe (links) und Resultat (rechts) des inversen Problems. Die Funktionen w_n und u_n verlaufen stark oszillierend im jeweils grau ausgemalten Bereich. $\diamond$

Die beiden nächsten Beispiele haben die Form einer **Integralgleichung**. Gemeint ist, dass ein Kausalzusammenhang $w = T(u)$ zwischen Funktionen $u, w : [a, b] \to \mathbb{R}$ implizit durch eine Gleichung der Form

$$\int_a^b k(s,t,u(t))\,dt = w(s), \quad a \le s \le b, \tag{1.5}$$

mit $k : [a,b]^2 \times \mathbb{R} \to \mathbb{R}$ gegeben ist. Man nennt (1.5) **nichtlineare Fredholmsche Integralgleichung 1. Art**. Ein Spezialfall hiervon ist die **lineare Fredholmsche Integralgleichung 1. Art** von der Form

$$\int_a^b k(s,t)u(t)\,dt = w(s), \quad a \le s \le b, \tag{1.6}$$

mit $k : [a,b]^2 \to \mathbb{R}$. Die Funktion k heißt in diesem Fall **Kern** der Integralgleichung. Hat der Kern die spezielle Eigenschaft

$$k(s,t) = 0 \quad \text{für} \quad t > s,$$

dann lässt sich (1.6) wie folgt schreiben

$$\int_a^s k(s,t)u(t)\,dt = w(s), \quad a \le s \le b, \tag{1.7}$$

und wird dann **Volterrasche Integralgleichung 1. Art** genannt. Noch spezieller ist ein Kern mit der Eigenschaft

$$k(s,t) = k(s-t),$$

der die Volterrasche Integralgleichung zu einer **Faltungsgleichung** macht:

$$\int_a^s k(s-t)u(t)\,dt = w(s), \quad a \le s \le b. \tag{1.8}$$

Fredholmsche und Volterrasche Integralgleichungen 2. *Art* sind solche, bei denen die Funktion u auch noch außerhalb des Integrals auftritt, zum Beispiel in der Form

$$u(s) + \lambda \int_a^s k(s,t)u(t)\,dt = w(s), \quad a \le s \le b,$$

siehe hierzu [8], S. 3 f. Lineare Integralgleichungen 1. und 2. Art haben sehr unterschiedliche Eigenschaften. Die technischen Details werden in [8], Korollar 2.40 auseinandergesetzt. Der Unterschied lässt sich informell so erklären: sofern die Kernfunktion k „glatt"

Abb. 1.2 Interferenzen bei
3-Wege-Ausbreitung

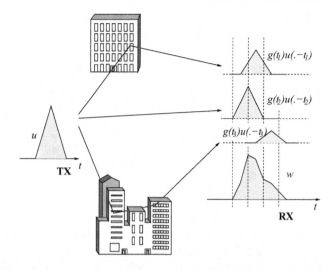

ist, zum Beispiel stetig, ist der Übergang $u \mapsto w$ bei Integralgleichungen 1. Art ein glättender Prozess. Dann ist die Lösung dieser Gleichungen notwendig ein aufrauender, Fehler verstärkender, nicht robuster Prozess. Zum Beispiel entspricht die Berechnung einer Ableitung, die sich in Beispiel 1.1 als problematisch erwiesen hat, der Lösung einer Volterraschen Integralgleichung:

$$u(t) = w'(t), \; w(t_0) = 0 \quad \Longleftrightarrow \quad w(t) = \int_{t_0}^{t} u(s) \, ds \, .$$

Im Gegensatz dazu geht bei Integralgleichungen 2. Art die Funktion u auch „ungeglättet" in w ein. Beim Lösen von Integralgleichungen 2. Art muss man deswegen nicht notwendig aufrauen.

Beispiel 1.2 (**Kanalschätzung, Signal-Entzerrung**) Ein (analoges) **Signal** ist eine zeitabhängige Funktion $u : \mathbb{R} \to \mathbb{R}, t \mapsto u(t)$. Wird – etwa im Mobilfunk – ein Signal u von einem Sender (transmitter, TX) zu einem Empfänger (receiver, RX) übertragen, geschieht dies nicht immer auf direktem Weg („line of sight", LOS). Vielmehr kommen, bedingt durch Reflexionen, mit unterschiedlicher zeitlicher Verzögerung behaftete, unterschiedlich abgeschwächte Kopien von u beim Empfänger an und überlagern sich dort zu einem Signal w. Abbildung 1.2 zeigt die Situation exemplarisch für eine 3-Wege-Ausbreitung. Das mathematische Modell für eine Mehrwegeausbreitung lautet

$$w(s) = \int_{0}^{\ell} g(t)u(s - t) \, dt. \tag{1.9}$$

Abb. 1.3 Wirkung der Gravitation

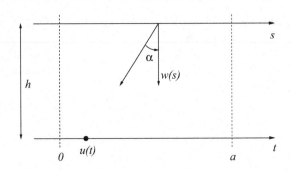

Hierbei sind

- $u(.-t)$ das um t Einheiten (Sekunden) verspätete Signal. Die Verschiebung entspricht der Signallaufzeit von TX nach RX.
- $g(t)$ der Faktor, um den das um t Einheiten verspätete Signal abgeschwächt wird. Die Funktion $g : [0, \ell] \to \mathbb{R}$ modelliert den Übertragungskanal.
- ℓ die Kanallänge. Um mehr als ℓ Sekunden verspätet ankommende Signale sind so schwach, dass sie nicht mehr berücksichtigt werden.

Gleichung (1.9) kann durch Variablensubstitution umgestellt werden zu

$$w(s) = \int\limits_{s-\ell}^{s} g(s-t)u(t)\, dt. \tag{1.10}$$

Viele Mobilfunkstandards schreiben vor, dass der Sender regelmäßig bekannte Information – ein bekanntes Signal u – übermittelt. Die Aufgabe des Empfängers ist es dann, die Faltungsgleichung (1.9) nach g aufzulösen. Dies nennt man **Kanalschätzung**. Ist g bekannt, wird angenommen, der Kanal werde sich für eine gewisse Zeit nicht ändern. In dieser Zeit kann unbekannte Information u übermittelt werden, indem die Faltungsgleichung (1.10) bei nunmehr bekanntem g nach u aufgelöst wird. Dies nennt man **Entzerrung** des empfangenen Signals w.   ◇

Das folgende Beispiel stammt aus [13], S. 9.

Beispiel 1.3 (**Gravimetrie**) Lokale Einschlüsse von Erzen oder Erdöl im Erdinneren weisen andere Dichten auf als sie umgebende homogene Gesteinsschichten. Der dadurch bedingte Einfluss auf das Schwerefeld der Erde kann mit Gravimetern gemessen werden. Zur Vereinfachung wird ein lediglich eindimensionales Modell wie in Abb. 1.3 betrachtet. Längs einer geraden Strecke $[0, a]$ in einer Tiefe h unter der Erdoberfläche habe das Erdinnere in jedem $t \in [0, a]$ die Masse $u(t)$. Die Vertikalkomponente $w(s)$ der dadurch verursachten Gravitationskraft kann auf der Erdoberfläche gemessen werden. Eine auf einem infinitesimal kleinen Streckenabschnitt Δt als konstant angesetzte Masse $u(t)$ liefert im Punkt s den Beitrag

$$\Delta w(s) = g \frac{u(t)\Delta t}{(s-t)^2 + h^2} \cos(\alpha) = g \frac{hu(t)\Delta t}{((s-t)^2 + h^2)^{3/2}}$$

zu $w(s)$. Hierbei gilt das Gravitationsgesetz, dass eine Einheitsmasse von einer Masse m im Abstand r mit einer Kraft der Größe mg/r^2 angezogen wird, wobei g die Gravitationskonstante ist. Summation über alle Δt und Grenzübergang $\Delta t \to 0$ ergeben die Beziehung

$$w(s) = g \frac{hu(t)}{((s-t)^2 + h^2)^{3/2}} \, dt, \qquad (1.11)$$

wiederum eine Faltungsgleichung und damit eine Fredholmsche Integralgleichung 1. Art.

$\diamond$

Beispiel 1.4 (**Computertomographie**) Computertomographie (CT) rekonstruiert das Innere eines Objekts durch Messung der Abschwächung von haarfeinen Röntgenstrahlen, die in vielen Richtungen und Abständen durch das Objekt gesendet werden. Ein ebener Schnitt durch einen Körper ist charakterisiert durch eine inhomogene Dichteverteilung

$$f : \mathbb{R}^2 \to \mathbb{R}, \quad x \mapsto f(x), \qquad \operatorname{supp}(f) \subseteq D := \{x \in \mathbb{R}^2;\ \|x\|_2 < 1\} \subseteq \mathbb{R}^2,$$

wobei $\operatorname{supp}(f) := \overline{\{x \in \mathbb{R}^2;\ f(x) \neq 0\}}$ (topologischer Abschluss) der **Träger** der Funktion f ist. In jedem Punkt $x \in D$ ist der Intensitätsverlust eines diesen durchdringenden Röntgenstrahls proportional zu $f(x)$. Der messbare gesamte Intensitätsverlust auf dem zwischen Röntgenquelle und Photonendetektor liegenden Abschnitt der Geraden L entspricht somit einem Kurvenintegral

$$\int_L f(x) \, ds,$$

vergleiche Abb. 1.4, links.

Zum Winkel φ gehören die Vektoren

$$\theta := \begin{pmatrix} \cos\varphi \\ \sin\varphi \end{pmatrix} \quad \text{sowie} \quad \theta^{\perp} := \begin{pmatrix} -\sin\varphi \\ \cos\varphi \end{pmatrix}.$$

Mit deren Hilfe kann jede Gerade L durch D in der Form

$$L = \{s\theta + t\theta^{\perp};\ t \in \mathbb{R}\} \quad \text{für} \quad \varphi \in [0, \pi) \quad \text{und} \quad s \in (-1, 1)$$

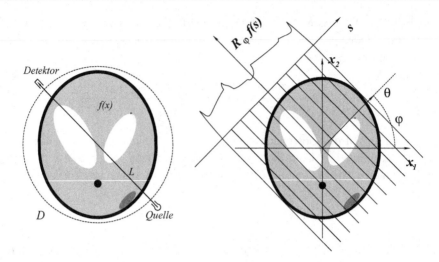

Abb. 1.4 Prinzip der CT

geschrieben werden. Das Kurvenintegral bekommt damit die folgende Gestalt:

$$Rf(\varphi, s) := R_\varphi f(s) := \int\limits_{-\infty}^{\infty} f(s\theta + t\theta^\perp) \, dt. \tag{1.12}$$

Da $\mathrm{supp}(f) \subseteq D$, handelt es sich hier um ein eigentliches Integral. Rechts in Abb. 1.4 ist diese Funktion für einen festen Winkel φ als Funktion von s dargestellt – man beachte die lokalen Maxima dort, wo der Röntgenstrahl besonders dichtes, dunkel dargestelltes Gewebe passiert und entsprechend viel Intensität verliert. Die Funktion

$$Rf : [0, \pi) \times (-1, 1) \to \mathbb{R}, \quad (\varphi, s) \mapsto Rf(\varphi, s),$$

heißt **Radontransformierte** von f. Die Berechnung von f aus der Kenntnis von $Rf =: g$ ist das inverse Problem zur Berechnung der Transformation. Die explizite Inversionsformel

$$f(x) = \frac{1}{2\pi^2} \int\limits_{0}^{\pi} \int\limits_{-1}^{1} \frac{\frac{d}{ds} g(\varphi, s)}{x \cdot \theta - s} \, ds \, d\varphi, \quad x \in D, \tag{1.13}$$

wurde 1917 vom österreichischen Mathematiker Johann Radon angegeben. Das Auftreten der Ableitung in (1.13) deutet wiederum darauf hin, dass die Lösung f der inversen Radontransformation sehr sensitiv auf Abweichungen in g reagiert. Im allgemeinen Rahmen der Distributionstheorie ist es übrigens möglich, auch (1.12) in Form einer Fredholmschen Integralgleichung 1. Art zu schreiben, siehe etwa [26], S. 12.   ◇

1.2 Funktionenräume

Funktionen kann man nicht nur als Abbildungen, sondern auch als Punkte abstrakter
Räume auffassen. Das erleichtert zwar nicht die numerische Lösung von Funktionsglei-
chungen, jedoch deren mathematische Formulierung und Charakterisierung. Außerdem
kann es zu einer verbesserten Intuition verhelfen, zum Beispiel bei der Interpretation der
Approximation von Funktionen als Projektion wie in Kap. 3.

Die Definition eines Vektorraums beziehungsweise linearen Raums X wird als bekannt
vorausgesetzt. Es ist dies eine nichtleere Menge, deren Elemente addiert und mit reellen oder komplexen Zahlen („Skalaren") multipliziert werden können. Bezüglich beider
Rechenoperationen müssen die bekannten Assoziativ-, Kommutativitäts- und Distributiv-
gesetze gelten, die Addition muss sich invertieren lassen und ein neutrales Element (die
Null) besitzen und die Multiplikation mit dem Skalar 1 muss ebenso neutral sein. Sind
als Skalare nur reelle Zahlen zugelassen, dann wird X **reeller Vektorraum** oder auch
$\mathbb{R}$-Vektorraum genannt, sind auch komplexe Zahlen erlaubt, dann wird X **komplexer
Vektorraum** oder $\mathbb{C}$-Vektorraum genannt. Noch allgemeiner ist der $\mathbb{K}$-Vektorraum mit
Skalaren aus einem beliebigen Zahlenkörper $\mathbb{K}$. Im Folgenden wird die Bezeichnung $\mathbb{K}$
lediglich als Platzhalter für $\mathbb{R}$ oder $\mathbb{C}$ verwendet, wenn eine genauere Festlegung nicht
nötig oder gewünscht ist.

Es sei nun $\emptyset \neq \Omega \subset \mathbb{R}^n$ (und $\mathbb{K} := \mathbb{R}$ oder $\mathbb{K} := \mathbb{C}$). Dann werden die Elemente von

$$\mathcal{F}(\Omega, \mathbb{K}) := \{f : \Omega \to \mathbb{K}\}$$

als $\mathbb{K}$-wertige, n-variate (univariate, bivariate für $n = 1, 2$) Funktionen mit Definitions-
gebiet Ω bezeichnet. Zwei Funktionen $f, g \in \mathcal{F}(\Omega, \mathbb{K})$ lassen sich addieren (superposi-
tionieren). Dies ergibt eine Funktion $f + g \in \mathcal{F}(\Omega, \mathbb{K})$, festgelegt durch $(f + g)(t) :=
f(t) + g(t)$ (etwa $(\sin + \cos)(t) = \sin(t) + \cos(t)$ für die Summe $\sin + \cos$ der Sinus-
und der Cosinus-Funktion). Ebenso lässt sich eine Funktion $f \in \mathcal{F}(\Omega, \mathbb{K})$ mit einem
Skalar $\lambda \in \mathbb{K}$ multiplizieren. Dies ergibt eine Funktion $\lambda f \in \mathcal{F}(\Omega, \mathbb{K})$, festgelegt durch
$(\lambda f)(t) := \lambda f(t)$. Eine Fourierreihe etwa ist eine durch Skalarmultiplikationen gewich-
tete Superposition (unendlich vieler) Sinus- und Cosinus-Funktionen. In $\mathcal{F}(\Omega, \mathbb{K})$ gibt
es ein neutrales Element der Addition, nämlich die Nullfunktion $0 \in \mathcal{F}(\Omega, \mathbb{K})$, gegeben
durch

$$0 : \Omega \to \mathbb{K}, \quad t \mapsto 0(t) := 0 \in \mathbb{K},$$

und zu jeder Funktion f die additive Inverse $-f \in \mathcal{F}(\Omega, \mathbb{K})$, gegeben durch $(-f)(t) :=
-f(t)$ für alle $t \in \Omega$. Damit ist $\mathcal{F}(\Omega, \mathbb{K})$ ein Vektorraum. Die Funktion $\sin : \mathbb{R} \to \mathbb{R}$ ist
ein Vektor (Punkt) des Raums $\mathcal{F}(\mathbb{R}, \mathbb{R})$ und man kann $\sin \in \mathcal{F}(\mathbb{R}, \mathbb{R})$ schreiben ebenso wie
man $(1, 1, 1)^T \in \mathbb{R}^3$ schreibt. Interessanter als der Vektorraum $\mathcal{F}(\Omega, \mathbb{K})$ selbst sind gewisse Teilmengen. Bekanntlich ist eine nichtleere Teilmenge eines Vektorraums selbst wieder
ein Vektorraum, wenn sie „abgeschlossen" bezüglich Addition und Skalarmultiplikation
ist. Die Summe zweier Elemente der Teilmenge muss also wieder ein Element besagter
Teilmenge sein und ebenso muss jedes skalare Vielfache eines Elements der Teilmenge

wieder darin liegen. Dies trifft zum Beispiel für die Menge der stetigen Funktionen in
$\mathcal{F}(\Omega, \mathbb{K})$ zu: die Summe zweier stetiger Funktionen ist wieder stetig und ebenso ist jedes
Vielfache einer stetigen Funktion wieder stetig. Im Folgenden werden einige im weiteren
Verlauf benötigte Unterräume von $\mathcal{F}(\Omega, \mathbb{K})$ präsentiert und ebenso werden aus dem Euklidischen Raum $\mathbb{R}^n$ bekannte Begriffe wie „Norm", „Skalarprodukt" oder „Konvergenz"
auf abstrakte Vektorräume verallgemeinert.

Normierte Räume, Banachräume

Ist X ein $\mathbb{K}$-Vektorraum, dann nennt man eine Abbildung

$$\| \bullet \| : X \to [0, \infty), \quad x \mapsto \|x\|$$

eine **Norm** auf X, wenn sie die folgenden Eigenschaften hat:

1. $\|x\| = 0 \iff x = 0$ (**Definitheit**),
2. $\|\lambda x\| = |\lambda| \|x\|$ für alle $\lambda \in \mathbb{K}$ und $x \in X$ (**Homogenität**) und
3. $\|x + y\| \le \|x\| + \|y\|$ für alle $x, y \in X$ (**Dreiecksungleichung**).

Das Tupel $(X, \| \bullet \|)$ heißt **normierter Raum**.

Eine Folge $(x_n)_{n \in \mathbb{N}} \subset X$ in einem normierten Raum $(X, \| \bullet \|)$ heißt **konvergent** oder
auch **normkonvergent** gegen ein Element $x \in X$, wenn es zu jedem $\varepsilon > 0$ ein $n_0 \in \mathbb{N}$
gibt, so dass

$$\|x_n - x\| < \varepsilon \quad \text{für alle} \quad n \ge n_0.$$

Die Schreibweise hierfür ist

$$\lim_{n \to \infty} \|x_n - x\| = 0 \quad \text{oder} \quad \lim_{n \to \infty} x_n = x \quad \text{oder} \quad x_n \xrightarrow{n \to \infty} x.$$

Eine Folge $(x_n)_{n \in \mathbb{N}_0} \subseteq X$ heißt **Cauchyfolge**, wenn es zu jedem $\varepsilon > 0$ ein $n_0 \in \mathbb{N}$ gibt,
so dass

$$\|x_n - x_m\| < \varepsilon \quad \text{für alle} \quad n, m \ge n_0.$$

Eine konvergente Folge ist immer eine Cauchyfolge. Wenn umgekehrt jede Cauchyfolge
gegen ein Element $x \in X$ konvergiert, dann heißt $(X, \| \bullet \|)$ **vollständig** oder **Banach-
raum**.

Die Räume $C^k[a, b]$

Auf dem Vektorraum $C[a, b] := \{f : [a, b] \subset \mathbb{R} \to \mathbb{K}; \ f \text{ stetig}\}$ der reellwertigen
($\mathbb{K} = \mathbb{R}$) beziehungsweise komplexwertigen ($\mathbb{K} = \mathbb{C}$) stetigen Funktionen ist durch

$$\|f\|_{C[a,b]} := \max_{t \in [a,b]} \{|f(t)|\}$$

eine Norm gegeben, die sogenannte **Maximumsnorm**. $(C[a,b], \| \bullet \|_{C[a,b]})$ ist ein Banachraum. Für $j \in \mathbb{N}_0$ wird die j-te Ableitung einer Funktion $f : (a,b) \to \mathbb{K}$ mit $f^{(j)}$ bezeichnet, wobei $f^{(0)} = f$, $f^{(1)} = f'$, $f^{(2)} = f''$ und so weiter. Die j-te Ableitung einer Funktion $f : [a,b] \to \mathbb{K}$ ist in den Punkten a und b als einseitiger (rechtsseitiger beziehungsweise linksseitiger) Grenzwert zu verstehen. Die k-mal stetig differenzierbaren Funktionen $f : (a,b) \to \mathbb{K}$ bilden den Vektorraum

$$C^k(a,b) := \{f : (a,b) \to \mathbb{K}; \ f^{(j)} : (a,b) \to \mathbb{K} \text{ stetig für } j = 0,1,\ldots,k\}.$$

Grenzfälle sind $C^0(a,b) = C(a,b)$, der Raum der stetigen Funktionen $f : (a,b) \to \mathbb{K}$ und $C^\infty(a,b)$, der Raum der beliebig oft stetig differenzierbaren Funktionen. Ganz analog (mit einseitigen Ableitungen in a und b) ist für $k \in \mathbb{N}_0$

$$C^k[a,b] := \{f : [a,b] \to \mathbb{K}; \ f^{(j)} \in C[a,b] \text{ für } j = 0,1,\ldots,k\}.$$

Ein Unterraum von $C^k(a,b), k \in \mathbb{N}_0 \cup \{\infty\}$, ist

$$C_0^k(a,b) := \{f \in C^k(a,b); \ \exists K \subset (a,b), K \text{ kompakt}, f(t) = 0 \text{ für } t \notin K\}, \quad (1.14)$$

die Menge der k-mal stetig differenzierbaren **Funktionen mit kompaktem Träger**. $K \subset \mathbb{R}$ ist kompakt genau dann, wenn K abgeschlossen und beschränkt ist. Wegen $C^k[a,b] \subset C[a,b]$ ist durch $\| \bullet \|_{C[a,b]}$ eine Norm auf $C^k[a,b]$ definiert, für $k \geq 1$ ist $(C^k[a,b], \| \bullet \|_{C[a,b]})$ jedoch nicht vollständig. Eine andere Norm auf $C^k[a,b]$ ist durch

$$\|f\|_{C^k[a,b]} := \sum_{j=0}^{k} \|f^{(j)}\|_{C[a,b]}$$

definiert. $(C^k[a,b], \| \bullet \|_{C^k[a,b]})$ ist ein Banachraum, siehe zum Beispiel [1], S. 40. Wenn also eine Folge $(f_n)_{n \in \mathbb{N}}$ von k-mal stetig differenzierbaren Funktionen $f_n \in C^k[a,b]$ bezüglich der Norm $\| \bullet \|_{C^k[a,b]}$ gegen eine Funktion f konvergiert, dann ist $f \in C^k[a,b]$.

Skalarprodukte, Hilberträume

Ist X ein $\mathbb{K}$-Vektorraum, dann nennt man eine Abbildung

$$\langle \bullet | \bullet \rangle : X \times X \to \mathbb{K}, \quad (x,y) \mapsto \langle x|y \rangle$$

ein **Skalarprodukt**, wenn für alle $x, y, z \in X$ und $\lambda \in \mathbb{K}$ die folgenden vier Bedingungen erfüllt sind

1. $\langle x + y | z \rangle = \langle x | z \rangle + \langle y | z \rangle$ (**Additivität**),
2. $\langle \lambda x | y \rangle = \lambda \langle x | y \rangle$ (**Homogenität**),
3. $\langle x | y \rangle = \overline{\langle y | x \rangle}$ (**Symmetrie**) und
4. $\langle x | x \rangle > 0$ für $x \neq 0$ (**positive Definitheit**).

Der Überstrich bei $\langle y | x \rangle$ in (3) bedeutet den Übergang zur konjugiert komplexen Zahl und hat im Fall $\mathbb{K} = \mathbb{R}$ keine Wirkung. In diesem Fall folgen aus der Symmetrie die Additivität und Homogenität auch im zweiten Argument des Skalarprodukts. Im Fall $\mathbb{K} = \mathbb{C}$ geht die Homogenität im zweiten Argument verloren, es gilt dann nur noch $\langle x | \lambda y \rangle = \overline{\lambda} \langle x | y \rangle$. Das Tupel $(X, \langle \bullet | \bullet \rangle)$, bestehend aus einem Vektorraum X und einem Skalarprodukt, heißt **Prähilbertraum** oder auch **Innenproduktraum**. Zwei Vektoren $x, y \in X$ heißen **orthogonal**, wenn $\langle x | y \rangle = 0$. Jedes Skalarprodukt induziert eine Norm:

$$\|x\| := \sqrt{\langle x | x \rangle} \quad \text{für alle} \quad x \in X.$$

Wenn $(X, \| \bullet \|)$ mit der induzierten Norm ein vollständiger normierter Raum ist, dann heißt $(X, \langle \bullet | \bullet \rangle)$ **Hilbertraum**. In einem Innenproduktraum gilt die sogenannte **Cauchy-Schwarzsche Ungleichung**

$$|\langle x | y \rangle| \leq \|x\| \|y\| \quad \text{für alle} \quad x, y \in X$$

(mit der induzierten Norm). Eine wichtige Rolle in der Approximationstheorie spielt die folgende spezielle Variante des **Projektionssatzes**.

Satz 1.5 (Projektionssatz) *Es sei* $(X, \langle \bullet | \bullet \rangle)$ *ein Prähilbertraum mit induzierter Norm* $\| \bullet \|$ *und* $X_n \subset X$ *ein n-dimensionaler Teilraum mit Basis* $\{\hat{x}_1, \ldots, \hat{x}_n\}$. *Dann gibt es zu jedem Vektor* $x \in X$ *genau ein* $x_n \in X_n$ *mit*

$$\|x - x_n\| \leq \|x - v\| \quad \text{für alle} \quad v \in X_n.$$

Der Vektor x_n *ist eindeutig charakterisiert durch die Gleichungen*

$$\langle x - x_n | \hat{x}_i \rangle = 0 \quad \text{für} \quad i = 1, \ldots, n. \tag{1.15}$$

Das Residuum $x - x_n$ steht nach den Gleichungen (1.15) senkrecht auf den Basisvektoren von X_n. Die geometrische Interpretation ist die, dass man den besten Approximanten x_n erhält, wenn man das Lot von x in den Raum X_n fällt – dies wird die Vorgehensweise bei der Lösung des linearen Ausgleichsproblems sein (Abb. 2.1).

Beispiel 1.6 Es sei $\mathbb{K} = \mathbb{C}$. Auf dem Raum $C[0, 1]$ (der komplexwertigen stetigen Funktionen $f : [0, 1] \to \mathbb{K} = \mathbb{C}$) ist durch

$$\langle f | g \rangle := \int_0^1 f(t) \overline{g(t)} \, dt, \quad f, g \in C[0, 1],$$

ein Skalarprodukt definiert (mit $\overline{g(t)}$ ist wiederum die zu $g(t)$ konjugiert komplexe Zahl gemeint). Die Funktionen

$$e_k : [0, 1] \to \mathbb{K}, \quad t \mapsto e^{ikt}, \quad k \in \mathbb{Z},$$

(mit der imaginären Einheit i) sind paarweise orthogonal, wegen $\|e_k\| = \sqrt{\langle e_k | e_k \rangle} = 1$ sogar **orthonormal**. Zu einem gegebenen $f \in C[0, 1]$ gibt es ein nach Satz 1.5 eindeutig bestimmtes

$$f_n \in \mathbb{T}_n := \left\{ p = \sum_{k=-n}^{n} c_k e_k; \; c_k \in \mathbb{C} \right\}$$

mit der Eigenschaft $\|f - f_n\| \le \|f - p\|$ für alle $p \in \mathbb{T}_n$. Mit dem Ansatz

$$f_n(t) = \sum_{k=-n}^{n} c_k(f) e^{ikt}$$

erhält man die Koeffizienten $c_k(f)$ aus (1.15) und wegen der Orthonormalität der Funktionen e_k:

$$\langle f_n | e_k \rangle = \sum_{j=-n}^{n} c_j(f) \langle e_j | e_k \rangle = c_k(f) = \langle f | e_k \rangle = \int_{0}^{1} f(t) e^{-ikt} \, dt$$

Die Funktion f_n heißt n-tes Fourierpolynom von f und die $c_k(f)$ heißen Fourierkoeffizienten. ◇

Die Räume $L_2(a, b)$ und $L_2(\mathbb{R})$

Es sei $\mathbb{K} = \mathbb{R}$ oder $\mathbb{K} = \mathbb{C}$. Der Raum $C[a, b]$ wird durch das Skalarprodukt

$$\langle f | g \rangle_{L_2(a,b)} := \int_{a}^{b} f(t) \overline{g(t)} \, dt \tag{1.16}$$

für $f, g \in C[a, b]$ zu einem Prähilbertraum. Die induzierte Norm

$$\|f\|_{L_2(a,b)} := \left(\int_{a}^{b} |f(t)|^2 \, dt \right)^{1/2}, \tag{1.17}$$

$f \in C[a, b]$, heißt **Energienorm** oder **Norm der quadratischen Konvergenz**. Die Integrale (1.16) und (1.17) lassen sich aber auch für bloß *stückweise* stetige Funktionen berechnen. Folgendes wird verlangt.

Voraussetzung 1.7

Es sei $D \subset [a, b]$ eine endliche (womöglich leere) Punktmenge. Die Funktion f :
*$[a, b] \setminus D \to \mathbb{K}$ sei **stückweise stetig**, das heißt es gebe $m + 2$ Punkte $a = t_0 < t_1 <$*
$\ldots < t_m < t_{m+1} = b$ so, dass $D \subseteq \{t_j; \ j = 0, \ldots, m + 1\}$ und dass

- *f auf den Intervallen (t_k, t_{k+1}), $k = 0, \ldots, m$ stetig ist und*
- *in allen Punkten $t_1, \ldots, t_m$ sowohl der rechtsseitige als auch der linksseitige Grenzwert von f existiert.*

Außerdem existiere das Integral (1.17) als endlicher Wert.[3]

Es ist möglich, noch allgemeinere als stückweise stetige Funktionen zu integrieren und einen Raum

$$L_2(a, b) \quad \text{der „quadratintegrierbaren" Funktionen}$$

als den Raum *aller* Funktionen $f : \Omega \subseteq [a, b] \to \mathbb{K}$ einzuführen, für die (1.16) und (1.17) berechnet werden können. Die dazugehörige Theorie der Lebesgue-Integration wird hier übergangen, da alle in technischen Anwendungen vorkommenden Vertreter von $L_2(a, b)$ Voraussetzung 1.7 erfüllen und in diesem Fall Riemann- und Lebesgue-Integral in (1.16) und (1.17) identisch sind. Man kann auch Funktionen $f : \mathbb{R} \setminus D \to \mathbb{K}$ betrachten, welche die Voraussetzung 1.7 in den Grenzfällen $a = -\infty$ und $b = \infty$ erfüllen. Deren Werte $f(t)$ müssen also für $|t| \to \infty$ so schnell gegen null abfallen, dass

$$\|f\|_{L_2(\mathbb{R})}^2 = \int_{-\infty}^{\infty} |f(t)|^2 \, dt \tag{1.18}$$

als endlicher Wert existiert. Gilt Entsprechendes auch für $g : \mathbb{R} \setminus D \to \mathbb{K}$, dann kann man zeigen, dass auch

$$\langle f | g \rangle_{L_2(\mathbb{R})} = \int_{-\infty}^{\infty} f(t)\overline{g(t)} \, dt \tag{1.19}$$

existiert und es keine Rolle spielt, ob das Riemann- oder das Lebesgue-Integral verwendet wird. Für das Folgende genügt es, sich unter $f \in L_2(\mathbb{R})$ eine Funktion $f : \mathbb{R} \setminus D \to \mathbb{K}$ vorzustellen, welche Voraussetzung 1.7 mit $a = -\infty$ und $b = \infty$ erfüllt. Trotz dieser vereinfachenden Voraussetzung tritt folgende Schwierigkeit auf. Die Funktion

$$\tilde{x} : [0, 1] \to \mathbb{R}, \quad t \mapsto \tilde{x}(t) = \begin{cases} 1 & \text{für } t = 1 \\ 0 & \text{für } 0 \leq t < 1 \end{cases}$$

---

[3] Es handelt sich um ein uneigentliches Integral, wenn f keinen einseitigen Grenzwert in a und/oder b hat. Es lässt sich zeigen: erfüllen f und g die Voraussetzung 1.7, dann existiert stets auch (1.16).

ist stückweise stetig, ist nicht identisch mit der Nullfunktion und dennoch ist $\|\tilde{x}\|_{L_2(0,1)} = 0$. Auf dem Raum der stückweise stetigen Funktionen ist (1.17) demnach keine Norm mehr, da die Bedingung der Definitheit verletzt ist. Diese Schwierigkeit wird folgendermaßen umgangen. Zwei Funktionen $f, g \in L_2(a, b)$ werden für äquivalent erklärt, wenn $\|f - g\|_{L_2(a,b)} = 0$. Formal wird $L_2(a, b)$ dann nicht als Menge von Funktionen, sondern als Menge von Äquivalenzklassen von Funktionen definiert. Informell können die Mitglieder von $L_2(a, b)$ weiterhin als Funktionen angesehen werden, wobei jedoch zwei Funktionen f und g miteinander zu identifizieren sind, wenn ihr Unterschied „nicht feststellbar" ist im Sinn von $\|f - g\|_{L_2(a,b)} = 0$. Mit dieser Identifikation „ist" die Funktion $\tilde{x}$ die Nullfunktion, (1.16) bleibt ein Skalarprodukt und (1.17) eine Norm auf $L_2(a, b)$. Der Nachteil dieser Konstruktion ist, dass es sinnlos wird, vom Wert einer Funktionen $f \in L_2(a, b)$ an einer Stelle t_0 zu sprechen. Werte von $L_2(a, b)$-Funktionen stehen nur „im quadratischen Mittel" fest.

Die Räume $H^k(a, b)$

Die **Sobolev-Räume** $H^k(a, b)$ sind für $k = 0$ durch $H^0(a, b) := L_2(a, b)$ definiert und für $k \in \mathbb{N}$ durch

$$H^k(a, b) := \left\{ f \in C^{k-1}[a, b];\ f^{(k-1)}(t) = c + \int_a^t \varphi(s)\, ds,\ c \in \mathbb{R}, \varphi \in L_2(a, b) \right\}.$$

Man schreibt oft „$f^{(k)} = \varphi \in L_2(a, b)$"; da jedoch L_2-Funktionen nicht punktweise definiert sind, ist diese Schreibweise nur im Sinn eines verallgemeinerten Ableitungsbegriffs korrekt. Im Folgenden genügt es stets, sich eine Funktion $f \in H^k(a, b)$ als eine $(k - 1)$-mal stetig differenzierbare Funktion vorzustellen, deren k-te Ableitung Ausnahmestellen aufweist, zum Beispiel Sprünge und/oder Definitionslücken entsprechend Voraussetzung 1.7. Beispielsweise ist die Funktion $f : [-1, 1] \to \mathbb{R}, x \mapsto |x|$, ein Element von $H^1(-1, 1)$. Die Sobolevräume $H^k(a, b)$ sind Hilberträume mit Skalarprodukt und dadurch induzierter Norm

$$\langle f | g \rangle_{H^k(a,b)} := \sum_{j=0}^k \langle f^{(j)} | g^{(j)} \rangle_{L_2(a,b)}, \quad \|f\|_{H^k(a,b)} = \left(\sum_{j=0}^k \|f^{(j)}\|_{L_2(a,b)}^2 \right)^{1/2}.$$

Die Räume $C^\ell[a, b]$, $\ell \in \mathbb{N}_0$, liegen dicht in $H^k(a, b)$, das heißt für jedes $f \in H^k(a, b)$ gibt es eine Folge von Funktionen $f_n \in C^\ell[a, b]$ mit $\|f_n - f\|_{H^k(a,b)} \to 0$ für $n \to \infty$. Schließlich sei für $k \geq 1$

$$H_0^k(a, b) := \{ f \in H^k(a, b);\ f(a) = 0 = f(b) \}. \tag{1.20}$$

Mit $H_0^k(\mathbb{R})$ werden für $k \geq 1$ Funktionen aus $H^k(\mathbb{R})$ bezeichnet, die einen kompakten Träger haben.

Lineare Operatoren

Sind X und Y $\mathbb{K}$-Vektorräume, dann nennt man eine Abbildung $F : D \subseteq X \to Y$ auch **Operator**. Der Operator $F : D \subseteq X \to Y$ heißt **linear**, wenn D ein linearer Teilraum von X ist und für alle $x, y \in D$ und $\lambda \in \mathbb{K}$

$$F(x + y) = F(x) + F(y) \quad \text{und} \quad F(\lambda x) = \lambda F(x)$$

(Additivität und Homogenität) gelten. Wenn F linear ist, schreibt man häufig Fx statt $F(x)$ für $x \in D$.

Beispiel 1.8 Die Abbildung

$$I : C[a,b] \to C^1[a,b], \quad x \mapsto y, \quad y(s) = \int_a^s x(t)\,dt, \quad a \leq s \leq b,$$

die jeder stetigen Funktion $x \in C[a,b]$ eine Stammfunktion y zuordnet, ist ein linearer Operator. Ein weiterer linearer Operator ist die Differentiation:

$$D : C^1[a,b] \to C[a,b], \quad x \mapsto y, \quad y(s) = x'(s), \quad a \leq s \leq b. \qquad \diamond$$

Beispiel 1.9 Der durch (1.3) definierte „Lösungsoperator"

$$L : \{w \in C^1[t_0,t_1];\ w(t) > 0, t_0 \leq t \leq t_1\} \to C[t_0,t_1], \quad w \mapsto L(w) := w'/w$$

des inversen Problems aus Beispiel 1.1 ist nicht linear. $\qquad \diamond$

Sind $(X, \|\bullet\|_X)$ und $(Y, \|\bullet\|_Y)$ zwei normierte Vektorräume, dann heißt ein Operator $F : D \subseteq X \to Y$ **stetig** im Punkt $x_0 \in D$, wenn für jede Folge $(x_n)_{n \in \mathbb{N}} \subseteq D$ gilt

$$\lim_{n \to \infty} \|x_n - x_0\|_X = 0 \quad \Longrightarrow \quad \lim_{n \to \infty} \|F(x_n) - F(x_0)\|_Y = 0. \qquad (1.21)$$

F heißt **stetig auf** D, wenn diese Abbildung in jedem Punkt $x_0 \in D$ stetig ist. Sind $(X, \|\bullet\|_X)$ und $(Y, \|\bullet\|_Y)$ normierte Vektorräume und $T : X \to Y$ eine Abbildung, dann heißt T **beschränkt**, falls es eine Konstante C gibt, so dass für alle $x \in X$ gilt: $\|T(x)\|_Y \leq C\|x\|_X$. Für jede beschränkte Abbildung $T : X \to Y$ existiert die sogenannte **Operatornorm**:

$$\|T\| := \sup_{x \in X \setminus \{0\}} \frac{\|T(x)\|_Y}{\|x\|_X} < \infty.$$

$\|T\|$ hängt von $\| \bullet \|_X$ und $\| \bullet \|_Y$ ab, ohne dass dies in der Bezeichnung kenntlich gemacht wird. Für einen beschränkten Operator gilt $\|T(x)\|_Y \leq \|T\| \cdot \|x\|_X$ für alle $x \neq 0$ und damit ist jeder beschränkte *lineare* Operator stetig. Für lineare Operatoren gilt sogar:

$$T \text{ ist stetig } \iff T \text{ ist beschränkt,}$$

siehe etwa [15], Satz 10.1.

Beispiel 1.10 Bezüglich $(X = C[a,b], \| \bullet \|_{C[a,b]})$ und $(Y = C^1[a,b], \| \bullet \|_{C[a,b]})$ ist der Integraloperator I aus Beispiel 1.8 beschränkt:

$$\|Ix\|_{C[a,b]} = \max_{a \leq s \leq b} \left\{ \left| \int_a^s x(t)\, dt \right| \right\} \leq (b-a) \max_{a \leq s \leq b} \{|x(s)|\} = (b-a)\|x\|_{C([a,b])},$$

also ist $\|I\|_{C[a,b]} \leq (b-a)$ (es ist sogar $\|I\|_{C[a,b]} = (b-a)$). Folglich ist I stetig in jedem $x_0 \in X$. Aus

$$\|Ix - Ix_0\|_{C[a,b]} \leq (b-a)\|x - x_0\|_{C[a,b]}$$

erkennt man das auch direkt. $\Diamond$

Die Stetigkeit eines Operators hängt von den gewählten Normen ab.

Proposition 1.11 (Unstetigkeit des Ableitungsoperators) *Bezüglich der normierten Räume* $(C^1[a,b], \| \bullet \|_{C[a,b]})$ *und* $(C[a,b], \| \bullet \|_{C[a,b]})$ *ist der Ableitungsoperator*

$$D : C^1[a,b] \to C[a,b], \quad x \mapsto Dx := x'$$

unstetig, bezüglich $(C^1[a,b], \| \bullet \|_{C^1[a,b]})$ *und* $(C[a,b], \| \bullet \|_{C[a,b]})$ *ist er stetig.*

Beweis Man betrachte die Folge $(x_n)_{n \in \mathbb{N}} \subset C^1[a,b]$ von Funktionen

$$x_n : [a,b] \to \mathbb{R}, \quad t \mapsto x_n(t) = \frac{1}{\sqrt{n}} \sin(nt)$$

mit Ableitungen $Dx_n(t) = (x_n)'(t) = \sqrt{n} \cos(nt)$. Folglich ist $\|x_n - 0\|_{C[a,b]} \to 0$ und gleichzeitig $\|Dx_n - D0\|_{C[a,b]} \to \infty$ für $n \to \infty$. Hingegen gilt für $(x_n)_{n \in \mathbb{N}} \subset C^1[a,b]$ und $x_0 \in C^1[a,b]$:

$$\|x_n - x_0\|_{C^1[a,b]} = \|x_n - x_0\|_{C[a,b]} + \|Dx_n - Dx_0\|_{C[a,b]} \xrightarrow{n \to \infty} 0$$

$$\implies \|Dx_n - Dx_0\|_{C[a,b]} \xrightarrow{n \to \infty} 0.$$

Dies bestätigt die zweite Aussage. $\square$

Fouriertransformation

Zu jeder (reell- oder komplexwertigen) Funktion $f \in L_2(\mathbb{R})$ existiert eine eindeutig bestimmte **Fouriertransformierte** $\hat{f} \in L_2(\mathbb{R})$, die (mit der imaginären Einheit i) durch

$$\hat{f}(\nu) := \int\limits_{-\infty}^{\infty} f(t)\mathrm{e}^{-2\pi i\nu t}\, dt, \quad \nu \in \mathbb{R}, \tag{1.22}$$

erklärt ist, wenn f zusätzlich **absolut integrierbar** ist, wenn also $\int_{-\infty}^{\infty} |f(t)|\, dt < \infty$. Wie schon einmal betont, sind für alles Folgende nur stückweise stetige Funktionen relevant. Damit genügt auch hier der Riemannsche Integralbegriff. Selbst bei reellwertigem f kann die Transformierte $\hat{f}$ komplexwertig sein. Es ist $\hat{f} \in L_2(\mathbb{R})$ und es gilt die Umkehrformel

$$f(t) = \int\limits_{-\infty}^{\infty} \hat{f}(\nu)\mathrm{e}^{2\pi i\nu t}\, d\nu, \quad t \in \mathbb{R}, \tag{1.23}$$

wenn $\hat{f}$ zusätzlich absolut integrierbar ist.[4] Ist $\hat{f}$ Fouriertransformierte von f, dann drückt man dies durch die Schreibweise

$$f(t) \circ\!\!-\!\!\bullet \hat{f}(\nu)$$

aus. Die Fouriertransformation und ihre Inverse sind beides lineare, beschränkte (und damit stetige) Operatoren auf $L_2(\mathbb{R})$, es gilt sogar der **Satz von Plancherel**

$$\|\hat{f}\|_{L_2(\mathbb{R})} = \|f\|_{L_2(\mathbb{R})} \quad \text{für} \quad f(t) \circ\!\!-\!\!\bullet \hat{f}(\nu). \tag{1.24}$$

Für $f, g \in L_2(\mathbb{R})$ ist die **Faltung** $f * g \in L_2(\mathbb{R})$ definiert durch

$$(f * g)(t) := \int\limits_{-\infty}^{\infty} f(t-s)g(s)\, ds \tag{1.25}$$

und es gilt das **Faltungslemma**

$$(f * g)(t) \circ\!\!-\!\!\bullet \hat{f}(\nu)\hat{g}(\nu) \quad \text{für} \quad f(t) \circ\!\!-\!\!\bullet \hat{f}(\nu), g(t) \circ\!\!-\!\!\bullet \hat{g}(\nu). \tag{1.26}$$

---

[4] Ein nicht absolut integrierbares $f \in L_2(\mathbb{R})$ kann stets als $\| \bullet \|_{L_2(\mathbb{R})}$-Grenzwert einer Folge absolut integrierbarer und quadratintegrierbarer Funktionen $(f_n)_{n\in\mathbb{N}}$ geschrieben und $\hat{f}$ dann als $\| \bullet \|_{L_2(\mathbb{R})}$-Grenzwert von deren Fouriertransformierten $\hat{f}_n$ definiert werden. Bei (1.23) macht man es analog, siehe beispielsweise [10], S. 115 ff.

Beispiel 1.12 Setzt man die (stückweise stetige) Funktion g aus Beispiel 1.2 durch $g(t) := 0$ für $t \notin [0, \ell]$ zu einer stückweise stetigen Funktionen $g : \mathbb{R} \to \mathbb{R}$ fort, dann lässt sich (1.9) in der Form

$$w(s) = \int\limits_{-\infty}^{\infty} g(t)u(s - t)\, dt = (g * u)(s)$$

schreiben. Erfüllt auch u die Voraussetzung 1.7, dann gilt für die Fouriertransformierten nach dem Faltungslemma (1.26) die Identität

$$\hat{w}(v) = \hat{g}(v)\hat{u}(v), \quad v \in \mathbb{R}.$$

Sofern $\hat{g}(v) \neq 0$ für alle $v \in \mathbb{R}$, kann u durch Rücktransformation aus $\hat{u} = \hat{w}/\hat{g}$ berechnet werden. Dies wird in Abschn. 3.4 aufgegriffen. $\diamond$

1.3 Schlecht gestellte Probleme

Definition 1.13 (Wohlgestelltheit eines Problems nach Hadamard) $(X, \| \bullet \|_X)$ *und* $(Y, \| \bullet \|_Y)$ *seien normierte $\mathbb{K}$-Vekторräume und*

$$T : \mathbb{U} \subseteq X \to \mathbb{W} \subseteq Y$$

eine Abbildung. Es wird das inverse Problem betrachtet, die Gleichung

$$T(u) = w, \quad u \in \mathbb{U}, \quad w \in \mathbb{W}, \tag{1.27}$$

*zu gegebenem w nach u aufzulösen. Dieses Problem heißt **wohlgestellt**, (properly posed) wenn*

1. *für jedes $w \in \mathbb{W}$ eine Lösung $u \in \mathbb{U}$ existiert (**Existenzbedingung**),*
2. *diese Lösung eindeutig ist (**Eindeutigkeitsbedingung**) und*
3. *die Umkehrfunktion $T^{-1} : \mathbb{W} \to \mathbb{U}$ stetig ist (**Stabilitätsbedingung**).*

*Anderenfalls heißt (1.27) **schlecht gestellt** (ill posed).*

Man kann gegenüber Definition 1.13 einschränkend die Existenz und Eindeutigkeit einer Lösung nur für ein einziges Element $w_0 \in \mathbb{W}$ fordern. Dann muss keine Umkehrfunktion von T mehr existieren, sondern nur noch ein eindeutig bestimmtes Urbild $u_0 = T^{-1}(w_0)$ von w_0 und die Stabilitätsbedingung lässt sich so formulieren: Es gebe ein $r > 0$ so, dass für $u_0 = T^{-1}(w_0)$ und jede Folge $(u_n)_{n \in \mathbb{N}} \subseteq \mathbb{U}$ mit $\|u_0 - u_n\|_X < r$ für alle $n \in \mathbb{N}$ gilt:

$$\|T(u_n) - T(u_0)\|_Y \overset{n \to \infty}{\longrightarrow} 0 \quad \Longrightarrow \quad \|u_n - u_0\|_X \overset{n \to \infty}{\longrightarrow} 0.$$

Ist diese Bedingung erfüllt, dann nennt man das inverse Problem **lokal in w_0 gut gestellt**.

Beispiel 1.14 Das inverse Problem der Fouriertransformation ist gut gestellt. Der Satz von Plancherel (1.24) zeigt, dass die Stabilitätsbedingung erfüllt ist.   ◇

Beispiel 1.15 (**Bestimmung von Wachstumsraten, Teil 2**) In Beispiel 1.1 ist $X = \mathbb{U} = C[t_0, t_1]$ mit Norm $\| \bullet \|_X := \| \bullet \|_{C[t_0,t_1]}$. Weiter ist $Y = C^1[t_0, t_1]$ mit Norm $\| \bullet \|_Y = \| \bullet \|_{C[t_0,t_1]}$ und $\mathbb{W} := \{w \in Y; \ w(t) > 0 \text{ für } t_0 \le t \le t_1\}$. Das direkte Problem ist durch die Abbildung

$$T : \mathbb{U} \to \mathbb{W}, \quad u \mapsto w, \quad w(t) = w_0 e^{U(t)}, \ U(t) = \int_{t_0}^{t} u(s) \, ds,$$

definiert. Dass das dazu inverse Problem für jedes $w \in \mathbb{W}$ eindeutig lösbar ist, wird durch die explizite Lösungsformel (1.3) gezeigt. Dass die Umkehrfunktion nicht stetig ist, zeigte sich ebenfalls schon im Beispiel 1.1: Für die Funktionenfolge $(w_n)_{n\in\mathbb{N}}$ aus (1.4) und $w(t) = \exp(\sin(t))$ ergab sich

$$\lim_{n\to\infty} \|w_n - w\|_Y = 0, \quad \text{aber} \quad \lim_{n\to\infty} \|T^{-1}(w_n) - T^{-1}(w)\|_X = \infty.$$

Damit ist die Bestimmung von Wachstumsraten ein schlecht gestelltes Problem, weil die Stabilitätsbedingung verletzt ist.   ◇

Identifikationsprobleme sind sinnvollerweise so zu stellen, dass sie eine eindeutige Lösung besitzen, weil sonst die *Identifikation* einer Ursache, die die beobachtete Wirkung hervorgerufen hat, nicht möglich ist. Die ersten beiden Bedingungen der Wohlgestelltheit sind dann erfüllt. Als Schwierigkeit verbleibt die etwaige Verletzung der Stabilitätsbedingung. Dabei spielt folgende Besonderheit eine Rolle. Stabilität gemäß Definition 1.13 bedeutet Stetigkeit der Umkehrfunktion T^{-1} von T und diese wiederum hängt nach (1.21) ab von den gewählten Normen $\| \bullet \|_X$ und $\| \bullet \|_Y$. Hat man auf X zwei verschiedene Normen $\| \bullet \|_X$ und $| \bullet |_X$ und gibt es eine Konstante $C > 0$ mit

$$\|x\|_X \le C \, |x|_X \quad \text{für alle } x \in X,$$

dann nennt man $| \bullet |_X$ **stärker** als $\| \bullet \|_X$ und folglich $\| \bullet \|_X$ **schwächer** als $| \bullet |_X$, weil die Konvergenz einer Folge $(x_n)_{n\in\mathbb{N}}$ bezüglich $| \bullet |_X$ die Konvergenz bezüglich $\| \bullet \|_X$ erzwingt (aber nicht umgekehrt). Infolgedessen schränkt man durch Übergang von $\| \bullet \|_X$ zu einer stärkeren Norm $| \bullet |_X$ die Menge von Folgen ein, die die Eigenschaft $x_n \overset{n\to\infty}{\longrightarrow} x_0$ haben und für die die Implikation in (1.21) gelten muss – die Stetigkeitsbedingung wird dadurch abgeschwächt. Ebenso wird sie abgeschwächt, wenn man zu einer schwächeren Norm auf Y übergeht, weil dann die rechte Seite der Implikation (1.21) leichter zu erfüllen ist. Beim inversen Problem ist es gerade umgekehrt: durch Übergang zu einer stärkeren Norm in Y und/oder zu einer schwächeren in X wird die Stabilitätsbedingung abgeschwächt.

Beispiel 1.16 (**Bestimmung von Wachstumsraten, Teil 3**) Führt man auf dem Raum $Y = C^1[t_0, t_1]$ die Norm $\| \bullet \|_{C^1[t_0,t_1]}$ ein, welche offensichtlich stärker als $\| \bullet \|_{C[t_0,t_1]}$ ist, dann ist die Folge $(w_n)_{n \in \mathbb{N}}$ aus (1.4) nicht mehr konvergent gegen w, liefert also kein Beispiel mehr für mangelnde Stetigkeit von T^{-1}. Tatsächlich ist T^{-1} bezüglich der Normen $\| \bullet \|_{C^1[t_0,t_1]}$ auf Y und $\| \bullet \|_{C[t_0,t_1]}$ auf X stetig und das inverse Problem damit stabil und gut gestellt.   ◇

Erzwingung von Stabilität durch Übergang zu anderen Normen ist ein mathematischer Trick, der in der Praxis nicht weiterhilft. Wenn im Beispiel 1.1 die Populationsgröße $w(t)$, *nicht* aber $w'(t)$ gemessen wird, dann sind nun einmal zwei Wirkungen w_1 und w_2 als ähnlich anzusehen, wenn $\|w_1 - w_2\|_{C[t_0,t_1]}$ klein ist. Es wäre nicht seriös zu behaupten, die Berechnung von $T^{-1}(w)$ sei stabil machbar, weil man unterschiedliche Wirkungen gemäß einer Norm $\| \bullet \|_{C^1[t_0,t_1]}$ bewertet, die dieser Norm zugrunde liegenden Unterschiede zweier Wirkungen aber gar nicht messen kann.

Definition 1.13 ist noch nicht ganz praxisgerecht, da die geforderte Stetigkeit der Umkehrabbildung T^{-1} lediglich besagt, dass u beliebig genau berechnet werden kann, wenn w beliebig genau bekannt ist. Liegt jedoch eine *endlich* kleine Abweichung der Größe $\|\tilde{w} - w\|_Y \le \varepsilon$ vor, bedeutet dies selbst bei gut gestellten Problemen nicht, dass auch die Größe $\|T^{-1}(\tilde{w}) - T^{-1}(w)\|_X$ irgendwie klein ist. Wünschenswert wäre ein Maß dafür, wie sehr sich endlich große Ungenauigkeiten in w auf die Lösungen u von (1.27) auswirken. Bei (endlich dimensionalen) Ausgleichsproblemen ist die in Kap. 2 eingeführte **Konditionszahl** als ein solches Maß etabliert. Man könnte Konditionszahlen ebenso für die Lösungen von Operatorgleichungen in Vektorräumen definieren. Dazu müsste man nichtlineare Operatoren „linearisieren" und dafür einen allgemeinen Ableitungsbegriff (die Fréchet-Ableitung) einführen.

Lineare Ausgleichsprobleme

2

Lineare Gleichungssysteme und Ausgleichsprobleme sind Identifikationsprobleme für endlich viele Parameter. Sie treten auch im Zusammenhang mit linearen Operatorgleichungen in Funktionenräumen auf, wenn diese diskretisiert werden. Im Rahmen einer detaillierten Sensitivitätsanalyse wird die „Kondition" von Ausgleichsproblemen als ein die Stabilitätsbedingung aus Definition 1.13 ersetzendes, feineres und für Anwendungen besser geeignetes Maß für Schlechtgestelltheit eingeführt. Die folgende Darstellung beschränkt sich auf $\mathbb{K} = \mathbb{R}$, eine Erweiterung auf $\mathbb{K} = \mathbb{C}$ wäre jedoch möglich.

2.1 Mathematischer Hintergrund

Ein lineares Gleichungssystem

$$Ax = b \quad \text{mit} \quad A \in \mathbb{R}^{m,n}, x \in \mathbb{R}^n, b \in \mathbb{R}^m, m \geq n, \tag{2.1}$$

ist ein Modell für ein inverses Problem: b steht für die „Wirkung", x für die gesuchte „Ursache" und der Kausalzusammenhang zwischen beiden wird durch die Abbildung $T : \mathbb{R}^n \to \mathbb{R}^m, x \mapsto Ax$, beschrieben. Wenn $m > n$, dann nennt man das Gleichungssystem **überbestimmt**. Ungenauigkeiten in den Komponenten von A oder b führen in der Regel zu Widersprüchen in den einzelnen Gleichungen eines überbestimmten Systems, so dass kein x existiert, welches (2.1) exakt erfüllt: Das **Residuum**

$$r(x) := b - Ax$$

verschwindet für kein $x \in \mathbb{R}^n$. Ersatzweise kann man nach einem x suchen, welches das Residuum wenigstens so klein wie möglich macht, etwa im Sinn der Euklidischen Norm:

$$\text{Finde } \hat{x} \text{ so, dass} \quad \|r(\hat{x})\|_2 \leq \|r(x)\|_2 \quad \text{für alle } x \in \mathbb{R}^n. \tag{2.2}$$

© Springer-Verlag Berlin Heidelberg 2015

M. Richter, *Inverse Probleme*, Mathematik im Fokus, DOI 10.1007/978-3-662-45811-2_2

Man nennt (2.2) das **lineare Ausgleichsproblem** oder auch die Auflösung der Widersprüche nach der **Methode der kleinsten Quadrate**. Äquivalent zu (2.2) ist die Minimierung von

$$f(x) = \|r(x)\|_2^2 = r(x)^T r(x) = x^T A^T A x - 2x^T A^T b + b^T b.$$

Die Ableitung nach x (der Gradient) lautet $\nabla f(x) = 2A^T A x - 2A^T b$. Eine notwendige Bedingung für einen Minimierer $\hat{x}$ von (2.2) ist $\nabla f(\hat{x}) = 0$, also die Erfüllung der sogenannten **Normalengleichungen**

$$A^T A \hat{x} = A^T b \quad \Longleftrightarrow \quad A^T \hat{r} = 0 \quad \text{mit} \quad \hat{r} := r(\hat{x}). \tag{2.3}$$

Diese Bedingungen sind auch hinreichend für eine Lösung. Wenn nämlich $x \in \mathbb{R}^n$ beliebig gewählt wird, dann ist $r(x) = \hat{r} + A(\hat{x} - x)$, also

$$\|r(x)\|_2^2 = \hat{r}^T \hat{r} + \underbrace{2(\hat{x} - x)^T A^T \hat{r}}_{= 0} + (\hat{x} - x)^T A^T A(\hat{x} - x) \geq \|\hat{r}\|_2^2,$$

wobei $\|A(\hat{x} - x)\|_2 = 0 \Leftrightarrow A(\hat{x} - x) = 0 \Leftrightarrow r(x) = \hat{r}$. Dies beweist den

Satz 2.1 (Existenz und Eindeutigkeit der Lösung des Ausgleichsproblems) *Notwendig und hinreichend für einen Minimierer von (2.2) ist die Erfüllung der Normalengleichungen (2.3). Ein Minimierer $\hat{x}$ ist genau dann eindeutig, wenn alle Spalten von A linear unabhängig sind, wenn also Rang$(A) = n$. Das Residuum $\hat{r}$ ist immer eindeutig.*

Die Normalengleichungen haben eine geometrische Interpretation. Es ist

$$A = \left(\begin{array}{c|c|c|c} & | & | & | \\ a_1 & a_2 & \cdots & a_n \\ & | & | & | \end{array} \right), \quad \text{alle } a_j \in \mathbb{R}^m \quad \Longrightarrow \quad A^T \hat{r} = \left(\begin{array}{c} a_1^T \hat{r} \\ \vdots \\ a_n^T \hat{r} \end{array} \right),$$

somit bedeutet (2.3), dass das Residuum $\hat{r}$ senkrecht auf $\mathcal{R}_A = \mathrm{span}\{a_1, \ldots, a_n\} = \{Ax;\ x \in \mathbb{R}^n\}$ steht, in Zeichen $\hat{r} \perp \mathcal{R}_A$, siehe Abb. 2.1.

Beispiel 2.2 (**Ausgleichsgerade**) Es bestehe der Kausalzusammenhang

$$T : \mathbb{R} \to \mathbb{R}, \quad t \mapsto T(t) = \alpha + \beta(t - \gamma),$$

mit frei wählbarem Parameter γ und unbekannten, von γ abhängigen Parametern $\alpha, \beta \in \mathbb{R}$. Folgende Messwerte liegen vor (entnommen aus [5], Example 5.7.3):

t	1	3	4	6	7
$T(t)$	−2,1	−0,9	−0,6	0,6	0,9

Abb. 2.1 Lösung eines linearen Ausgleichsproblems

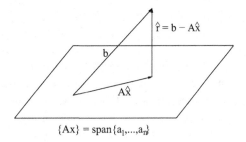

$$\hat{r} = b - A\hat{x}$$

$$\{Ax\} = \text{span}\{a_1,...,a_n\}$$

Wählt man $\gamma = 4$, dann ergibt sich folgendes überbestimmte lineare Gleichungssystem
für $x = (\alpha, \beta)^T$:

$$\underbrace{\begin{pmatrix} 1 & -3 \\ 1 & -1 \\ 1 & 0 \\ 1 & 2 \\ 1 & 3 \end{pmatrix}}_{=: A} \cdot \begin{pmatrix} \alpha \\ \beta \end{pmatrix} = \underbrace{\begin{pmatrix} -2,1 \\ -0,9 \\ -0,6 \\ 0,6 \\ 0,9 \end{pmatrix}}_{=: b}.$$

Dieses Gleichungssystem ist nicht lösbar. Obwohl der Kausalzusammenhang zwischen t
und $T(t)$ tatsächlich besteht, weichen die in der Tabelle angeführten Messwerte von den
wahren Werten $T(t)$ ab, so dass widersprüchliche Gleichungen resultieren. Die Normalengleichungen lauten hier

$$\begin{pmatrix} 5 & 1 \\ 1 & 23 \end{pmatrix} \begin{pmatrix} \alpha \\ \beta \end{pmatrix} = \begin{pmatrix} -2,1 \\ 11,1 \end{pmatrix}$$

mit der Lösung $\alpha \approx -0,52105$ und $\beta \approx 0,50526$. Abbildung 2.2 zeigt die so berechnete
Ausgleichsgerade und dazu die markierten Messpunkte. ◇

Abb. 2.2 Ausgleichsgerade zu
Messwerten

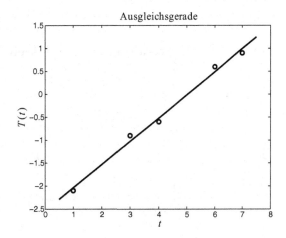

Grundsätzlich könnte man das Minimierungsproblem (2.2) auch für andere Normen als für $\| \cdot \|_2$ betrachten und zum Beispiel $\|r(x)\|_1 = |r_1(x)| + \ldots + |r_n(x)|$ oder $\|r(x)\|_\infty = \max\{|r_1(x)|, \ldots, |r_n(x)|\}$ minimieren. Dies ist jedoch deutlich aufwändiger. Wenn die Inkonsistenzen in den Gleichungen von (2.1) zufällig sind, dann würde es außerdem dazu führen, dass maximale Inkonsistenzen („Ausreißer") die Lösung stark beeinflussen, was meist unerwünscht ist. Eine mathematische Untersuchung von (2.1) bei zufälligen Inkonsistenzen findet man beispielsweise in Kapitel 17 von [23].

2.2 Sensitivitätsanalyse linearer Ausgleichsprobleme

Unter der Bedingung, dass die Matrix $A \in \mathbb{R}^{m,n}$ vollen Rang $n \le m$ hat, besitzt das Ausgleichsproblem (2.2) eine eindeutige Lösung $\hat{x} = (A^T A)^{-1} A^T b$. Da lineare Abbildungen zwischen endlichdimensionalen Räumen immer stetig sind, handelt es sich dann bei (2.2) nach Definition 1.13 um ein wohlgestelltes Problem. In diesem Abschnitt wird genauer untersucht, *wie* sensitiv die Lösung von (2.2) von A und b abhängt. Als technisches Hilfsmittel der Analyse wird die Singulärwertzerlegung von A benutzt, siehe (A.1) im Anhang. Die (Eingabe-) Daten des linearen Ausgleichsproblems sind die Matrix A und die rechte Seite b. Das zu diesen Daten gehörige Resultat $\hat{x}$ ist durch

$$\|b - A\hat{x}\|_2 \le \|b - Ax\|_2 \quad \text{für alle } x \in \mathbb{R}^n \tag{2.4}$$

charakterisiert. Ändert man die Daten des Ausgleichsproblems hin zu einer Matrix $A + \delta A$ und einer rechten Seite $b + \delta b$, dann gehört dazu ein geändertes Resultat $\tilde{x}$, welches durch

$$\|(b + \delta b) - (A + \delta A)\tilde{x}\|_2 \le \|(b + \delta b) - (A + \delta A)x\|_2 \quad \text{für alle } x \in \mathbb{R}^n \tag{2.5}$$

charakterisiert ist. In den folgenden beiden Sätzen werden Aussagen über den absoluten und den relativen Unterschied von $\hat{x}$ und $\tilde{x}$ in Abhängigkeit von den absoluten beziehungsweise relativen Änderungen der Eingabedaten gemacht.

Satz 2.3 (Absolute Sensitivität des Ausgleichsproblems) *Es seien* $A, \delta A \in \mathbb{R}^{m,n}$ *und* $b, \delta b \in \mathbb{R}^m$, $m \ge n$. *A habe singuläre Werte* $\sigma_1 \ge \ldots \ge \sigma_n > 0$, *also vollen Rang. Es sei* $\hat{x}$ *die Lösung von (2.2), erfülle also (2.4), sein Residuum sei* $\hat{r} := b - A\hat{x}$. *Unter der Voraussetzung*

$$\eta := \frac{\|\delta A\|_2}{\sigma_n} < 1, \quad \text{das heißt} \quad \|\delta A\|_2 < \sigma_n,$$

gibt es ein eindeutig bestimmtes $\tilde{x} \in \mathbb{R}^n$, *welches (2.5) erfüllt und für* $\delta x := \tilde{x} - \hat{x}$ *gilt*

$$\|\delta x\|_2 \le \frac{1}{\sigma_n(1 - \eta)} \cdot (\|\delta b\|_2 + \|\delta A\|_2 \|\hat{x}\|_2) + \frac{1}{\sigma_n^2(1 - \eta)^2} \cdot \|\delta A\|_2 \cdot \|\hat{r}\|_2. \tag{2.6}$$

Beweis Die Matrix $A + \delta A$ hat vollen Rang, denn

$$(A + \delta A)x = 0 \Rightarrow \quad Ax = -\delta Ax \Rightarrow \sigma_n \|x\|_2 \leq \|Ax\|_2 \leq \|\delta A\|_2 \|x\|_2$$

$$\Rightarrow \quad \underbrace{(\sigma_n - \|\delta A\|_2)}_{> 0} \|x\|_2 \leq 0,$$

was nur für $x = 0$ möglich ist. Nach Satz 2.1 ist $\tilde{x}$ eindeutig bestimmt.

Mit $\tilde{A} = A + \delta A$ und $\tilde{b} = b + \delta b$ gilt nach Satz 2.1 und mit $M := (\tilde{A}^T \tilde{A})^{-1}$, dass $\tilde{x} = M \tilde{A}^T \tilde{b}$ (Normalengleichungen). Folglich ist

$$
\begin{aligned}
\delta x &= \tilde{x} - \hat{x} = M \tilde{A}^T \tilde{b} - \hat{x} = M \tilde{A}^T (\tilde{b} - \tilde{A}\hat{x}) \\
&= M \tilde{A}^T (b - A\hat{x}) + M \tilde{A}^T (\delta b - \delta A\hat{x}) \\
&= M(\delta A)^T \hat{r} + M \tilde{A}^T (\delta b - \delta A\hat{x}) \quad [(A + \delta A)^T \hat{r} = (\delta A)^T \hat{r} \text{ nach } (2.3)]
\end{aligned}
$$

und daraus ergibt sich

$$\|\delta x\|_2 \leq \|M\|_2 \|\delta A\|_2 \|\hat{r}\|_2 + \|M \tilde{A}^T\|_2 (\|\delta b\|_2 + \|\delta A\|_2 \|\hat{x}\|_2).$$

Alles ist bewiesen, wenn $\|M\|_2 \leq 1/(\sigma_n^2 (1 - \eta)^2)$ und $\|M \tilde{A}^T\|_2 \leq 1/(\sigma_n (1 - \eta))$. Aus einer SVD $\tilde{A} = \tilde{U} \tilde{\Sigma} \tilde{V}^T$ erhält man

$$M = \tilde{V}(\tilde{\Sigma}^T \tilde{\Sigma})^{-1} \tilde{V}^T = \tilde{V} \operatorname{diag}\left(1/\tilde{\sigma}_1^2, \ldots, 1/\tilde{\sigma}_n^2\right) \tilde{V}^T$$

und daraus $M \tilde{A}^T = \tilde{V} \tilde{\Sigma}^+ \tilde{U}^T$, wobei $\tilde{\Sigma}^+ = \operatorname{diag}(1/\tilde{\sigma}_1, \ldots, 1/\tilde{\sigma}_n) \in \mathbb{R}^{n,m}$. Hieraus folgt $\|M\|_2 = 1/\tilde{\sigma}_n^2$ sowie $\|M \tilde{A}^T\|_2 = 1/\tilde{\sigma}_n$. Nach Satz A.1 ist $|\sigma_n - \tilde{\sigma}_n| \leq \|\delta A\|_2$, also ist $\tilde{\sigma}_n \geq \sigma_n - \|\delta A\|_2 = \sigma_n (1 - \eta)$ und somit $\|M \tilde{A}^T\|_2 \leq 1/(\sigma_n (1 - \eta))$. Analog für $\|M\|_2$. $\qquad \square$

Die im Satz angegebene Schranke für $\|\delta x\|_2$ ist „fast scharf": in [2], S. 29, wird ein Beispiel angegeben, bei dem sie näherungsweise erreicht wird.

Satz 2.4 (Relative Sensitivität des Ausgleichsproblems) *Es seien $A, \delta A \in \mathbb{R}^{m,n}$ und $b, \delta b \in \mathbb{R}^m$, $m \geq n$. A habe singuläre Werte $\sigma_1 \geq \ldots \geq \sigma_n > 0$ und es sei*

$$\kappa_2(A) := \frac{\sigma_1}{\sigma_n} . \tag{2.7}$$

Es sei $\hat{x} \neq 0$ die Lösung von (2.2), erfülle also (2.4), sein Residuum sei $\hat{r} := b - A\hat{x}$. Ferner gelte für ein $\varepsilon > 0$

$$\|\delta A\|_2 \leq \varepsilon \|A\|_2, \quad \|\delta b\|_2 \leq \varepsilon \|b\|_2 \quad und \quad \kappa_2(A)\varepsilon < 1. \tag{2.8}$$

Dann gibt es ein durch (2.5) eindeutig bestimmtes $\tilde{x} \in \mathbb{R}^n$ und für $\delta x := \tilde{x} - \hat{x}$ gilt

$$\frac{\|\delta x\|_2}{\|\hat{x}\|_2} \leq \frac{\kappa_2(A)\varepsilon}{1 - \kappa_2(A)\varepsilon} \left(2 + \left(\frac{\kappa_2(A)}{1 - \kappa_2(A)\varepsilon} + 1\right) \frac{\|\hat{r}\|_2}{\|A\|_2 \|\hat{x}\|_2}\right). \tag{2.9}$$

Beweis Aus der SVD von A leitet sich die Identität $\sigma_1 = \|A\|_2$ ab. Also folgt aus $\|\delta A\|_2 \leq \varepsilon \|A\|_2$, dass $\eta = \|\delta A\|_2/\sigma_n \leq \kappa_2(A)\varepsilon$. Unter der Voraussetzung $\kappa_2(A)\varepsilon < 1$ ist demnach die Bedingung $\eta < 1$ aus Satz 2.3 erst recht erfüllt und die Abschätzung (2.6) bleibt auch gültig, wenn man η durch $\kappa_2(A)\varepsilon$ ersetzt. Division durch $\|\hat{x}\|_2$ liefert

$$\frac{\|\delta x\|_2}{\|\hat{x}\|_2} \leq \frac{1}{\sigma_n(1 - \kappa_2(A)\varepsilon)} \left(\frac{\|\delta b\|_2}{\|\hat{x}\|_2} + \|\delta A\|_2 \right) + \frac{1}{(\sigma_n(1 - \kappa_2(A)\varepsilon))^2} \cdot \frac{\|\delta A\|_2 \|\hat{r}\|_2}{\|\hat{x}\|_2} .$$

Wegen $\|\delta A\|_2 \leq \varepsilon \|A\|_2$, $\|\delta b\|_2 \leq \varepsilon \|b\|_2$ und $\|A\|_2/\sigma_n = \kappa_2(A)$ ergibt sich

$$\frac{\|\delta x\|_2}{\|\hat{x}\|_2} \leq \frac{\kappa_2(A)\varepsilon}{1 - \kappa_2(A)\varepsilon} \left(\frac{\|b\|_2}{\|A\|_2 \|\hat{x}\|_2} + 1 \right) + \frac{\kappa_2(A)^2 \varepsilon}{(1 - \kappa_2(A)\varepsilon)^2} \cdot \frac{\|\hat{r}\|_2}{\|A\|_2 \|\hat{x}\|_2} .$$

Gleichung (2.9) folgt aus $\|b\|_2 \leq \|b - A\hat{x}\|_2 + \|A\hat{x}\|_2 \leq \|\hat{r}\|_2 + \|A\|_2 \|\hat{x}\|_2$. $\square$

In den Sätzen 2.3 und 2.4 wird die Sensitivität des Ausgleichsproblems *quantifiziert* und ein Maß dafür angegeben, wie empfindlich dessen Resultat auf Änderungen in den Daten A und b reagiert. Insbesondere gilt $\delta x \to 0$ für $\delta A \to 0$ und $\delta b \to 0$. Erneut lässt sich also feststellen, dass das lineare Ausgleichsproblem wohlgestellt ist nach Definition 1.13. In beiden voranstehenden Sätzen ist eine Aussage über lineare Gleichungssysteme enthalten, da die Lösung $\hat{x}$ des Systems (2.1), wenn sie eindeutig existiert, identisch ist mit der von (2.2) – es ist dann $\hat{r} = 0$. Entscheidend für die Sensitivität ist erstens die Größe $\kappa_2(A)\varepsilon$, die kleiner als 1 sein muss. Bei genügend kleinem ε ist $\kappa_2(A)/(1 - \kappa_2(A)\varepsilon) \approx \kappa_2(A)$, so dass (näherungsweise) $\kappa_2(A)$ als Verstärkungsfaktor von relativen Fehlern in den Eingabedaten auftritt. Bei (eindeutig lösbaren) linearen Gleichungssystemen kommt es nur auf diesen Faktor an, weil dort $\hat{r} = 0$ gilt. Bei linearen Ausgleichsproblemen kommt es zweitens hingegen auch auf $\hat{r}$ und damit auf die rechte Seite b an, denn es tritt $\kappa_2(A)^2 \|\hat{r}\|_2$ ebenfalls als Verstärkungsfaktor relativer Datenfehler auf.

> Das inverse Problem (2.1) beziehungsweise (2.2) wird als **gut konditioniert (schlecht konditioniert)** bezeichnet, wenn kleine Änderungen in den Daten A und b nur kleine (auch große) Änderungen in der Lösung bewirken können. Die **Konditionszahl** ist der Faktor, um den sich relative Änderungen in den Daten A oder b schlimmstenfalls in den entsprechenden relativen Änderungen des Resultats verstärken können. Für die Kondition eines linearen Gleichungssystems (2.1) ist (näherungsweise) die Zahl $\kappa_2(A)$ bestimmend, beim linearen Ausgleichsproblems (2.2) ist es das Maximum der Zahlen $\kappa_2(A)$ und $\kappa_2(A)^2 \|\hat{r}\|_2/(\|A\|_2 \|\hat{x}\|_2)$. Die Zahl $\kappa_2(A) = \sigma_1/\sigma_n$ heißt **Konditionszahl der Matrix** A.

Wenn die Matrix A *keinen* vollen Rang mehr hat, wenn also $\sigma_n = 0$ gilt, könnte man formal

$$\kappa_2(A) = \sigma_1/0 = \infty$$

setzen und von „unendlich schlechter Kondition" des Ausgleichsproblems sprechen im Einklang damit, dass dann keine eindeutige Lösung von (2.2) mehr existiert. Die Eindeutigkeit einer Lösung lässt sich weiterhin erzwingen, wenn man die *zusätzliche Bedingung* stellt, dass unter allen Lösungen von (2.2) diejenige mit der kleinsten Norm ausgewählt werden soll. Dies ist eine gegenüber (2.2) *geänderte Problemstellung*, die sich mathematisch folgendermaßen ausdrücken lässt:

$$\text{Finde } \hat{x} \text{ so, dass } \|\hat{x}\|_2 \le \|x\|_2 \text{ für alle } x \in M := \arg\min\{\|b - Ax\|_2\}, \qquad (2.10)$$

wobei $\arg\min\{\|b - Ax\|_2\}$ die Menge aller Lösungen von (2.2) ist. Man nennt eine Lösung von (2.10) **Minimum-Norm-Lösung** des Ausgleichsproblems (2.2). Im Fall $\text{Rang}(A) = n$ hat (2.2) eine eindeutige Lösung $\hat{x}$ und diese ist auch die Lösung von (2.10). Der folgende Satz zeigt zum einen, dass für jede beliebige Matrix A eine eindeutige Lösung von (2.10) existiert. Er zeigt zum anderen, dass das Problem (2.10) besser konditioniert sein kann als (2.2).

Satz 2.5 (Ausgleichsproblem bei singulärer Matrix) *$A \in \mathbb{R}^{m,n}$ habe den Rang $r \le n \le m$ und seine SVD laute*

$$A = U\Sigma V^T = (\underbrace{U_1}_{r}, \underbrace{U_2}_{n-r}, \underbrace{U_3}_{m-n}) \begin{pmatrix} \Sigma_1 & 0 \\ 0 & 0 \\ 0 & 0 \end{pmatrix} \begin{matrix} \}r \\ \}n\text{-}r \\ \}m\text{-}n \end{matrix} (\underbrace{V_1}_{r}, \underbrace{V_2}_{n-r})^T$$

$$= U_1 \Sigma_1 V_1^T .$$

(a) Alle Lösungen von (2.2) haben die Form

$$x = V_1 \Sigma_1^{-1} U_1^T b + V_2 z, \quad z \in \mathbb{R}^{n-r} \text{ beliebig.} \qquad (2.11)$$

(b) Unter allen Lösungen gibt es genau eine mit minimaler Euklidischer Norm, also eine eindeutige Lösung von (2.10). Diese erhält man für $z = 0$, also

$$x = V_1 \Sigma_1^{-1} U_1^T b .$$

Für dieses x ist $\|x\|_2 \le \|b\|_2 / \sigma_r$.

(c) Ändert man b zu $b + \delta b$, so erhält man dazu eine eindeutige Lösung $x + \delta x$ von (2.10). Für diese ist

$$\|\delta x\|_2 \le \frac{\|\delta b\|_2}{\sigma_r} .$$

Beweis Teil (a):

$$\|b - Ax\|_2^2 = \left\| U^T b - \begin{pmatrix} U_1^T \\ U_2^T \\ U_3^T \end{pmatrix} U_1 \Sigma_1 V_1^T x \right\|_2^2 = \left\| \begin{pmatrix} U_1^T b - \Sigma_1 V_1^T x \\ U_2^T b \\ U_3^T b \end{pmatrix} \right\|_2^2$$

$$= \|U_1^T b - \Sigma_1 V_1^T x\|_2^2 + \|U_2^T b\|_2^2 + \|U_3^T b\|_2^2$$

wird minimiert, wenn

$$\Sigma_1 V_1^T x = U_1^T b \quad \Longleftrightarrow \quad x = V_1 \Sigma_1^{-1} U_1^T b + V_2 z$$

für beliebiges $z \in \mathbb{R}^{n-r}$, denn

$$\mathcal{N}_{V_1^T} = \mathcal{R}_{V_1}^{\perp} = \{V_2 z; \ z \in \mathbb{R}^{n-r}\}.$$

Teil (b): Da die Spalten von V_1 und V_2 paarweise senkrecht aufeinander stehen, folgt aus (2.11) mit dem Satz des Pythagoras, dass

$$\|x\|_2^2 = \|V_1 \Sigma^{-1} U_1^T b\|_2^2 + \|V_2 z\|_2^2$$

und dieser Ausdruck wird genau dann minimal, wenn $V_2 z = 0$, also genau dann, wenn $z = 0$. Für das entsprechende x bekommt man

$$\|x\|_2^2 = \|V_1 \Sigma_1^{-1} U_1^T b\|_2^2 = \left\| \begin{pmatrix} u_1^T b / \sigma_1 \\ \vdots \\ u_r^T b / \sigma_r \end{pmatrix} \right\|_2^2 \leq \frac{1}{\sigma_r^2} \sum_{j=1}^r |u_j^T b|^2 \leq \frac{\|b\|_2^2}{\sigma_r^2}$$

Teil (c): Mit $b + \delta b$ statt b bekommt man nach Teil (b) die Minimum-Norm-Lösung $x + \delta x = V_1 \Sigma_1^{-1} U_1^T (b + \delta b)$, also $\delta x = V_1 \Sigma_1^{-1} U_1^T \delta b$ und damit ergibt sich die Behauptung wie in (b). $\square$

Die Empfindlichkeit der Minimum-Norm-Lösung gegenüber Ungenauigkeiten im Vektor b ist durch die Größe des kleinsten nicht verschwindenden singulären Wertes σ_r von A bestimmt. Werden auch Störungen in A berücksichtigt, dann kann man Abschätzungen für $\|\delta x\|_2$ wie in Satz 2.3 zeigen mit σ_r statt σ_n, siehe etwa Theorem 1.4.6 in [2].

Definition 2.6 (Pseudoinverse) *Unter den Voraussetzungen des Satzes 2.5 heißt*

$$A^+ := V_1 \Sigma_1^{-1} U_1^T$$

Pseudoinverse *von A.*

Die stets eindeutige Minimum-Norm-Lösung des linearen Ausgleichsproblems lässt sich nach Satz 2.5 in der Form

$$x = A^+ b$$

schreiben. Im Fall Rang$(A) = n$ gilt $A^+ = (A^T A)^{-1} A^T$ in Übereinstimmung mit der dann eindeutigen Lösung der Normalengleichungen. Wenn Rang$(A) = n$ und zusätzlich $m = n$, dann ist $A^+ = A^{-1}$ in Übereinstimmung mit der dann eindeutigen Lösung des linearen Gleichungssystems $Ax = b$.

Beispiel 2.7 Für $\varepsilon > 0$ seien

$$A = \begin{pmatrix} 1 & 0 \\ 0 & \varepsilon \end{pmatrix} \text{ und } b = \begin{pmatrix} b_1 \\ b_2 \end{pmatrix} \implies A^+ = \begin{pmatrix} 1 & 0 \\ 0 & \varepsilon^{-1} \end{pmatrix}, A^+ b = \begin{pmatrix} b_1 \\ b_2/\varepsilon \end{pmatrix}.$$

Bei der Lösung des Ausgleichsproblems (2.2) beziehungsweise des Minimum-Norm-Problems (2.10), welche beide in diesem Fall nur verkappte lineare Gleichungssysteme sind, werden Fehler in der Komponente b_2 der rechten Seite um einen Faktor ε^{-1} verstärkt. Da $\kappa_2(A) = \varepsilon^{-1}$, deckt sich diese Aussage mit der von Satz 2.4. Die Kondition der Lösung von (2.2) wird mit $\varepsilon \to 0$ beliebig schlecht. Sei nun andererseits

$$B = \begin{pmatrix} 1 & 0 \\ 0 & 0 \end{pmatrix} = \underbrace{\begin{pmatrix} 1 & 0 \\ 0 & 1 \end{pmatrix}}_{= U} \underbrace{\begin{pmatrix} 1 & 0 \\ 0 & 0 \end{pmatrix}}_{= \Sigma} \underbrace{\begin{pmatrix} 1 & 0 \\ 0 & 1 \end{pmatrix}^T}_{= V^T}$$

$$= \begin{pmatrix} 1 \\ 0 \end{pmatrix} 1 \begin{pmatrix} 1 \\ 0 \end{pmatrix}^T \implies B^+ = B.$$

Die Matrix B hat Rang 1 und $\sigma_1 = 1$ ist ihr kleinster nicht verschwindender Eigenwert. Die Lösung $B^+ b = (b_1, 0)^T$ des Minimum-Norm-Problems (2.10) ist in Bezug auf Änderungen der rechten Seite hervorragend konditioniert. ◇

Diskretisierung inverser Probleme

3

Wenn X und Y unendlich dimensionale Räume von Funktionen sind, so wie in allen Beispielen des Abschn. 1.1, dann kann das Identifikationsproblem

$$T(u) = w, \quad u \in \mathbb{U} \subseteq X, \quad w \in \mathbb{W} \subseteq Y,$$

in dieser Form schon aus folgenden praktischen Gründen nicht gelöst werden:

- Computer sind „endlichkeitsbeschränkt" und können nur durch endlich viele Parameter beschreibbare Funktionen darstellen. Dies betrifft Wirkungen und Ursachen gleichermaßen.
- Messungen können Wirkungen w nicht als Funktionen erfassen, sondern nur eine eingeschränkte Information darüber in Form endlich vieler Messwerte.

Diskretisierung meint die näherungsweise Beschreibung des Identifikationsproblems $T(u) = w$ in Räumen *endlicher Dimension*. Eine grundsätzlich mögliche Vorgehensweise ist es, sich Räume

$$X_n \subseteq X \quad \text{und} \quad Y_m \subseteq Y, \quad \dim X_n = n \quad \text{und} \quad \dim Y_m = m$$

vorzugeben, die Wirkung w unter Berücksichtigung der von ihr bekannten Messwerte durch ein Element $w_m \in Y_m$ anzunähern und dann ein $u_n \in X_n$ so zu finden, dass $T(u_n)$ eine Näherung von w_m ist. Einige von vielen möglichen Umsetzungen dieser Vorstellung werden in den Abschn. 3.1 (Wahl von Räumen X_n beziehungsweise Y_m als Räume von „Splinefunktionen"), 3.2 (Approximation von w durch $w_m \in Y_m$ auf Basis von Messungen) und 3.3 (Finden einer Näherung $u_n \in X_n$ der Lösung u^* von $T(u) = w$ und Abschätzung der Größe des Fehlers $u^* - u_n$) beschrieben.

Alternativ kann das Identifikationsproblem $T(u) = w$ in ein anderes Problem transformiert und dann erst diskretisiert werden. Bei Faltungsgleichungen wie in den Beispielen

© Springer-Verlag Berlin Heidelberg 2015

M. Richter, *Inverse Probleme*, Mathematik im Fokus, DOI 10.1007/978-3-662-45811-2_3

1.2 und 1.3 bietet sich hier die Fouriertransformation an. Auf die Details wird in Abschn. 3.4 eingegangen.

3.1 Approximation mit Splinefunktionen

Es gibt sehr viele Kandidaten zur Approximation von Funktionen, etwa Polynome, Fourier-Summen, Wavelets und andere mehr. Welche Approximanten, also welche Unterräume $X_n \subseteq X$ beziehungsweise $Y_m \subseteq Y$ gewählt werden, hängt zuallererst von den Funktionenräumen X beziehungsweise Y selbst ab, aber auch davon, welche Informationen von den zu approximierenden Funktionen zur Verfügung stehen (zum Beispiel Funktions-, Ableitungs- oder Integralwerte), wieviel Aufwand man in die Berechnung einer Approximation stecken möchte, wie gut diese sein soll, wie die Güte einer Approximation überhaupt bemessen wird oder welche Operationen mit einem Approximanten ausgeführt werden sollen. Nur eine einzige Klasse von Approximanten wird im Folgenden besprochen, die der **Splinefunktionen**. Splines sind abschnittsweise aus Polynomstücken zusammengesetzte und damit sehr „einfache" Funktionen: sie lassen sich einfach berechnen, einfach ableiten, einfach integrieren und einfach auf dem Computer darstellen. Das ist der eine Grund für ihre erfolgreiche Verwendung. Der andere liegt darin, dass sie sich sehr gut zur Approximation von Elementen der großen Menge von Funktionen mit stetigen oder auch nur quadratintegrierbaren Ableitungen eignen.

Definition 3.1 (Polynomsplines mit einfachen Knoten) *Es seien $k, m \in \mathbb{N}$ und $a = t_1 < \ldots < t_m = b$. Es sei $\mathbb{P}_{k-1}$ die Menge der Polynome vom Grad höchstens $k - 1$. Eine Funktion $s : [a, b] \to \mathbb{K}$ ($\mathbb{K} = \mathbb{R}$ oder $\mathbb{K} = \mathbb{C}$) mit den beiden Eigenschaften*

1. $s(t) = p_i(t)$ für $t_i \leq t < t_{i+1}$, $i = 1, \ldots, m - 1$, wobei $p_i \in \mathbb{P}_{k-1}$
2. $s \in C^{k-2}[a, b]$ (keine Bedingung im Fall $k = 1$)

heißt **Splinefunktion der Ordnung** k. *Die t_i sind ihre* **Knoten**. *Die Menge aller Splines der Ordnung k mit Knoten $t_1 < \ldots < t_m$ wird mit $S_k(t_1, \ldots, t_m)$ bezeichnet.*

Splines der Ordnung 1 sind Treppenfunktionen, Splines der Ordnung 2 sind Polygonzüge. Splines der Ordnung 4 werden kubische Splines genannt. In Abb. 3.1 wird eine reellwertige kubische Splinefunktion gezeigt und zwei ihrer Polynomsegmente.

Die Menge $S_k(t_1, \ldots, t_m)$ ist ein Vektorraum, denn mit $s_1, s_2 \in S_k(t_1, \ldots, t_m)$ und $\alpha_1, \alpha_2 \in \mathbb{R}$ ist auch $\alpha_1 s_1 + \alpha_2 s_2 \in S_k(t_1, \ldots, t_m)$. Dessen Dimension ist

$$\dim S_k(t_1, \ldots, t_m) = m + k - 2, \tag{3.1}$$

Abb. 3.1 Kubische Spline mit Knoten und zwei Polynomstücken

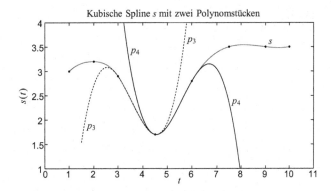

denn jedes Polynom vom Grad $k - 1$ ist durch k Parameter festgelegt; diese sind im ersten Intervall $[t_1, t_2)$ frei wählbar, in den restlichen $m - 2$ Intervallen dann durch die Stetigkeitsbedingung $s \in C^{k-2}[a, b]$ jeweils bis auf einen festgelegt. Durch die Funktionen

$$N_{j,1}(t) := \begin{cases} 1, & t_j \leq t < t_{j+1} \\ 0, & \text{sonst} \end{cases}, \quad j = 1, \dots, m - 1, \tag{3.2}$$

ist offenbar eine Basis von $S_1(t_1, \dots, t_m)$ gegeben. Für $k \geq 2$ gilt:

Satz 3.2 *Es seien $k, m \in \mathbb{N}$ und $a = t_1 < \dots < t_m = b$. Zusätzlich seien $2(k - 1)$ Hilfsknoten definiert durch $t_{-k+2} := \dots := t_0 := t_1$ und $t_m =: t_{m+1} =: \dots =: t_{m+k-1}$. Basierend auf (3.2) werden für $k \geq 2$ die sogenannten **B-Splines** durch*

$$N_{j,k}(t) := \frac{t - t_{j+1-k}}{t_j - t_{j+1-k}} N_{j-1,k-1}(t) + \frac{t_{j+1} - t}{t_{j+1} - t_{j+2-k}} N_{j,k-1}(t) \tag{3.3}$$

für $j = 1, \dots, m + k - 2$ rekursiv definiert. Falls $t_j - t_{j+1-k} = 0$, dann ist der erste Summand rechts in (3.3) durch Null zu ersetzen. Entsprechendes gilt für den zweiten Summanden, wenn $t_{j+1} - t_{j+2-k} = 0$.

Die durch (3.3) für $t \in [a, b]$ definierten B-Splines $N_{1,k}, \dots, N_{m+k-2,k}$ sind eine Basis für $S_k(t_1, \dots, t_m)$. Es ist $\text{supp}(N_{j,k}) = [t_{j+1-k}, t_{j+1}]$ und $N_{j,k}(t) > 0$ für $t_{j+1-k} < t < t_{j+1}$.

Einen Beweis dieses Satzes findet man in den Abschn. 6 und 7 von [3]. In Abb. 3.2 werden einige lineare und kubische B-Splines gezeigt, die Hilfsknoten gehören zum Fall $k = 4$. Zu beachten ist, dass die Stetigkeitsbedingung aus Definition 3.1 nur im Intervall $[a, b]$ zu gelten hat. Jede Splinefunktion aus $s \in S_k(t_1, \dots, t_m)$ kann als Linearkombination von B-Splines geschrieben werden:

$$s(t) = \sum_{j=1}^{m+k-2} \alpha_j N_{j,k}(t), \quad a \leq t \leq b. \tag{3.4}$$

Abb. 3.2 Lineare und kubische B-Splines zu Knoten $t_1 < \ldots < t_m$

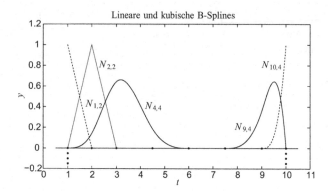

Um zu einer gegebenen Funktion $f \in C[a,b]$ einen Approximanten $s \in S_k(t_1,\ldots,t_m)$ zu finden, können *beispielsweise* folgende **Interpolationsbedingungen** gestellt werden:

$$s(t_i) = f(t_i), \quad i = 1,\ldots,m. \tag{3.5}$$

Ein Approximant s, der diese Bedingungen erfüllt, heißt **Interpolant** von f. Für $k = 2$ ist der Raum $S_2(t_1,\ldots,t_m)$ m-dimensional und die Bedingungen (3.5) legen einen Interpolanten eindeutig fest. Da $N_{j,2}(t_i) = 1$ für $i = j$ und $N_{j,2}(t_i) = 0$ für $i \neq j$, erhält man den Interpolanten von f, wenn man in (3.4) $\alpha_j = f(t_j)$ setzt. Formal lässt sich ein **Interpolationsoperator**

$$I_2 : C[a,b] \rightarrow S_2(t_1,\ldots,t_m), \quad f \mapsto I_2 f = \sum_{j=1}^{m} f(t_j) N_{j,2}. \tag{3.6}$$

definieren, der jedem stetigen f seinen linearen Splineinterpolanten zuordnet. Der Approximationsfehler $\|f - I_2 f\|_{C[a,b]}$ kann im allgemeinen beliebig groß werden und bleibt nur unter zusätzlichen Voraussetzungen an f beschränkt. So gilt unter der Voraussetzung $f \in C^2[a,b]$ die bekannte Abschätzung:

$$\|f - I_2 f\|_{C[a,b]} \leq \frac{1}{8} h^2 \|f''\|_{C[a,b]} \quad \text{mit} \quad h := \max_{i=1,\ldots,m-1}\{(t_{j+1} - t_j)\}, \tag{3.7}$$

siehe zum Beispiel [3], S. 37. Wenn f nicht zweimal stetig differenzierbar ist, hat (3.7) keinen Sinn mehr. Folgende Approximationsaussage ist dennoch möglich:

Satz 3.3 (Interpolation mit linearen Splines) *Es seien* $a = t_1 < \ldots < t_m = b$ *und* $h := \max_{i=1,\ldots,m-1}\{t_{i+1} - t_i\}$. *Weiter sei* $I_2 : C[a,b] \rightarrow S_2(t_1,\ldots,t_m)$ *der durch (3.6) gegebene Interpolationsoperator und* $f \in H^1(a,b)$. *Dann gilt*

$$\|f - I_2 f\|_{L_2(a,b)} \leq 2h \, \|f\|_{H^1(a,b)} \quad \text{für} \quad 0 < h < 1 \, .$$

Beweis Eine komplexwertige Funktion $f : [a, b] \to \mathbb{C}$ kann stets in der Form $f = u + iv$ mit $u, v : [a, b] \to \mathbb{R}$ geschrieben werden (hier ist i die imaginäre Einheit). Dann ist

$$\|f^{(j)}\|^2_{L_2(a,b)} = \|u^{(j)}\|^2_{L_2(a,b)} + \|v^{(j)}\|^2_{L_2(a,b)}, \quad j = 0, 1.$$

Es genügt deswegen, den Satz für reellwertige Funktionen zu beweisen. Für $t \in [t_i, t_{i+1}]$ und mit $f_i := f(t_i)$, $f_{i+1} := f(t_{i+1})$ sowie $h_i := t_{i+1} - t_i$ folgt aus $f(t) - f_i = \int_{t_i}^{t} f'(\tau)\, d\tau$ mit der Cauchy-Schwarzschen Ungleichung

$$|f(t) - f_i| \leq \int_{t_i}^{t_{i+1}} |f'(t)| \cdot 1\, dt \leq h_i^{1/2} \left(\int_{t_i}^{t_{i+1}} |f'(t)|^2\, dt \right)^{1/2}. \tag{3.8}$$

Für $t_i \leq t \leq t_{i+1}$ ist $I_2 f(t) = p_i(t) = f_i + (f_{i+1} - f_i)(t - t_i)/(t_{i+1} - t_i)$. Aus der gerade gezeigten Ungleichung ergibt sich also

$$|f(t) - p_i(t)| \leq |f(t) - f_i| + |f_{i+1} - f_i| \leq 2h_i^{1/2} \left(\int_{t_i}^{t_{i+1}} |f'(t)|^2\, dt \right)^{1/2}.$$

Wegen $h_i \leq h$ folgt weiter

$$\int_{t_i}^{t_{i+1}} |f(t) - p_i(t)|^2\, dt \leq h \max_{t_i \leq t \leq t_{i+1}} |f(t) - p_i(t)|^2 \leq 4h^2 \int_{t_i}^{t_{i+1}} |f'(t)|^2\, dt.$$

Durch Summation über alle Teilintervalle erhält man

$$\int_{a}^{b} |f(t) - I_2 f(t)|^2\, dt = \sum_{i=1}^{m-1} \int_{t_i}^{t_{i+1}} |f(t) - p_i(t)|^2\, dt \leq 4h^2 \int_{a}^{b} |f'(t)|^2\, dt.$$

Die Behauptung folgt aus $\|f'\|^2_{L_2(a,b)} \leq \|f\|^2_{H^1(a,b)}$. □

Im $(m + 2)$-dimensionalen Raum $S_4(t_1, \ldots, t_m)$ kubischer Splines reichen die m Bedingungen (3.5) nicht aus, einen Interpolanten eindeutig festzulegen. Üblich ist es, eine der drei folgenden zusätzlichen Forderungen zu stellen:

- **Periodische Randbedingungen**: $s'(a) = s'(b)$ und $s''(a) = s''(b)$ (sinnvoll bei der Interpolation periodischer Funktionen) oder
- **Natürliche Randbedingungen**: $s''(a) = 0$ und $s''(b) = 0$ (gibt unter allen kubischen Spline-Interpolanten s jenen, für den $\|s''\|_{L_2(a,b)}$ minimal wird) oder

- **Vollständige Randbedingungen**: $s'(a) = f'(a)$ und $s'(b) = f'(b)$ (erzielt meistens einen kleineren Fehler $\|f - s\|_{C[a,b]}$ als der Spline-Interpolant zu natürlichen Randbedingungen).

Wenn Randableitungen von f nicht bekannt sind, kann man diese durch die Ableitungswerte des kubischen Polynominterpolanten der ersten beziehungsweise letzten vier Punkte $(t_i, f(t_i))$ schätzen.

Eine Berechnung kubischer Splineinterpolanten ist mit dem Ansatz (3.4) möglich und erfordert die Lösung eines linearen Gleichungssystems. Die Koeffizientenmatrix ist in diesem Fall **tridiagonal** (das heißt nur die Diagonale und die beiden ersten Nebendiagonalen sind besetzt) und positiv definit, so dass die Lösung des Gleichungssystems mit $\mathcal{O}(n)$ arithmetischen Operationen berechnet werden kann (für Details siehe [6], S. 333 ff.). Weiterhin kann man *unter der Voraussetzung* $f \in C^4[a, b]$ zeigen, dass für den kubischen Splineinterpolanten s_f von f mit (geschätzten) vollständigen Randbedingungen gilt:

$$\|f - s_f\|_{C[a,b]} \le C h^4 \|f^{(4)}\|_{C[a,b]} \quad \text{mit} \quad h := \max_{i=1,\dots,m-1} \{(t_{j+1} - t_j)\}. \tag{3.9}$$

In diesem Sinn ist der kubische Splineinterpolant bei genügend glattem (genügend oft stetig differenzierbarem) f ein besserer Approximant als der lineare.

Andere Arten der Approximation als die Interpolation gemäß (3.5) sind nötig oder wünschenswert, wenn von f die Werte $f(t_i)$ nur ungenau oder gar nicht bekannt sind. Beispiele hierfür werden in Abschn. 3.3 betrachtet.

3.2 Messung von Wirkungen

Wie schon festgestellt, können von einer Wirkung immer nur endlich viele Messwerte erfasst werden, zum Beispiel Funktionswerte oder Frequenzanteile. Formal lässt sich diese Situation durch Einführung eines **Beobachtungsoperators**

$$B : Y \to \mathbb{R}^\ell, \quad \ell \in \mathbb{N}, \tag{3.10}$$

beschreiben, der jeder möglichen Wirkung w die entsprechende Beobachtung oder Messung $B(w) \in \mathbb{R}^\ell$ zuordnet, endlich viele reelle Zahlen (komplexe Zahlen können als Tupel reeller Zahlen aufgefasst werden).[1] Die nach u aufzulösende Gleichung $T(u) = w$ ist durch die Gleichung

$$B(T(u)) = B(w) =: \beta \in \mathbb{R}^\ell \tag{3.11}$$

---

[1] In (3.10) wird vereinfachend unterstellt, B sei auf dem ganzen Vektorraum Y und nicht nur auf dessen Teilmenge $\mathbb{W}$ definiert. Dies hat Bedeutung, wenn Linearität von B benötigt wird wie bei der folgenden Einführung von Projektoren.

zu ersetzen, wobei jetzt nicht mehr w, sondern nur noch $\beta = B(w)$ als bekannt angenommen werden darf. Um den Satz $B(w)$ von Messwerten als eine Approximation von w bewerten zu können, werden ein m-dimensionaler Teilraum $Y_m \subseteq Y$ und die Existenz eines zweiten Operators

$$R : \mathbb{R}^\ell \to Y_m, \quad \beta \mapsto R(\beta),$$

angenommen. Die Abbildung R rekonstruiert aus Messwerten eine Wirkung $R(\beta) \in Y_m \subseteq Y$. Es ist vernünftig von R zu fordern, dass eine rekonstruierte Wirkung wiederum die ursprünglich gegebenen Messwerte haben soll, in Zeichen:

$$B(R(B(w))) = B(w) \quad \text{für alle} \quad w \in Y. \tag{3.12}$$

Zusätzlich wird ab jetzt sowohl von B als auch von R Linearität und Stetigkeit vorausgesetzt. Falls ein lineares, stetiges R mit Eigenschaft (3.12) existiert[2], dann ist auch die zusammengesetzte Abbildung

$$Q_m : Y \to Y_m, \quad w \mapsto Q_m(w) := R(B(w)),$$

linear und stetig und aus (3.12) folgt, dass für alle $w \in Y$

$$Q_m^2(w) = Q_m(Q_m(w)) = R(B(R(B(w)))) = R(B(w)) = Q_m(w).$$

Die lineare stetige Abbildung $Q_m : Y \to Y_m$ hat also die Eigenschaft $Q_m^2 = Q_m$ und heißt deswegen **Projektor** von Y nach Y_m. Die **projizierte Gleichung**

$$Q_m T(u) = Q_m w, \tag{3.13}$$

ist wegen (3.12) äquivalent zu (3.11): jede Lösung u von (3.11) löst (3.13) und umgekehrt. Für den Beobachter B sind die Wirkungen w und $Q_m w$ nicht unterscheidbar. Die Gleichung (3.11) beschreibt bis auf die noch zu betrachtenden Messabweichungen in β die in der Praxis tatsächlich auftretende Situation. Demgegenüber ist (3.13) günstig für Konvergenzuntersuchungen, weil ein Abstand $\|w - Q_m w\|_Y$ gemessen werden kann.

Beispiel 3.4 (**Interpolationsoperator**) Für $\mathbb{W} = Y = C[a, b]$ und $\ell = m$ sei B gegeben durch die Funktions-Abtastung an Stellen $a = t_1 < \ldots < t_m = b$, also

$$B : C[a, b] \to \mathbb{R}^m, \quad w \mapsto (w(t_1), \ldots, w(t_m))^T.$$

---

[2] Das lässt sich zum Beispiel in dem Fall beweisen, wo Y ein Hilbertraum (und $B : Y \to \mathbb{R}^\ell$ linear und stetig) ist. R kann dann als sogenannter pseudoinverser Operator von B gewählt werden, siehe etwa [12].

Es seien $Y_m := S_2(t_1, \ldots, t_m)$ (lineare Splines) und

$$R : \mathbb{R}^m \to S_2(t_1, \ldots, t_m), \quad \beta \mapsto \sum_{i=1}^m \beta_i N_{2,i}.$$

Damit ist $Q_m(y) = R(B(y)) = I_2 y$ mit dem Interpolationsoperator I_2 aus (3.6).   ◇

Eine besondere Situation liegt vor, wenn Y sogar ein Prähilbertraum ist, das heißt wenn die Norm $\| \bullet \|_Y$ von einem Skalarprodukt $\langle \bullet | \bullet \rangle$ induziert wird. In diesem Fall existiert nämlich nach dem Projektionssatz 1.5 zu jedem $y \in Y$ ein eindeutig bestimmtes $y_m \in Y_m$ so, dass $\|y - y_m\|_Y \leq \|y - v\|_Y$ für alle $v \in Y_m$. Dieses y_m heißt der **Bestapproximant** von y bezüglich $\| \bullet \|_Y$. Der Bestapproximant ist charakterisiert durch die Gleichungen

$$\langle y - y_m | v \rangle = 0 \quad \text{für alle} \quad v \in Y_m \tag{3.14}$$

und definiert einen Operator $Q_m : Y \to Y_m, y \mapsto Q_m y = y_m$. Offenbar ist $Q_m^2 y = Q_m y$, also ist Q_m ein Projektor. Nach (3.14) steht $y - Q_m$ senkrecht auf den Vektoren in Y_m und deswegen heißt dieser Operator Q_m **Orthogonalprojektor**.

Beispiel 3.5 (**Bestapproximation**) Es sei $\mathbb{W} = Y = C[a, b]$ und $\mathbb{K} = \mathbb{R}$ (reellwertige Funktionen) mit dem Skalarprodukt

$$\langle x | y \rangle = \int_a^b x(t) y(t) dt, \quad x, y \in C[a, b].$$

Zu $a = t_1 < \ldots < t_m = b$ sei der Beobachtungsoperator

$$B : Y \to \mathbb{R}^{m-1}, \quad w \mapsto B(w) = (\mu_1, \ldots, \mu_{m-1})^T, \quad \mu_j := \frac{1}{t_{j+1} - t_j} \int_{t_j}^{t_{j+1}} w(t) \, dt,$$

gegeben, welcher lokale Mittelwerte einer Wirkung w liefert. Der Operator

$$R : \mathbb{R}^{m-1} \to Y_{m-1} := S_1(t_1, \ldots, t_m), \quad \mu \mapsto \sum_{j=1}^{m-1} \mu_j N_{j,1},$$

der einem Satz von Mittelwerten eine Treppenfunktion zuordnet, welche eben diese Mittelwerte hat, erfüllt nach Konstruktion (3.12) (und ist stetig und linear). Damit ist

$$Q_m : Y \to S_1(t_1, \ldots, t_m), \quad w \mapsto R(B(w)),$$

ein Projektionsoperator. Sei $w \in Y$ beliebig mit $B(y) = (\mu_1, \ldots, \mu_{m-1})^T$, also $Q_m y = \sum_{j=1}^{m-1} \mu_j N_{j,1}$. Für die Basiselemente $N_{i,1}, i = 1, \ldots, m-1$, von $S_1(t_1, \ldots, t_m)$ gilt

$$\langle y - Q_m y | N_{i,1} \rangle = \langle y | N_{i,1} \rangle - \langle \sum_{j=1}^{m-1} \mu_j N_{j,1} | N_{i,1} \rangle = (t_{i+1} - t_i)\mu_i - \sum_{j=1}^{m-1} \mu_j \langle N_{j,1} | N_{i,1} \rangle$$

$$= (t_{i+1} - t_i)\mu_i - (t_{i+1} - t_i)\mu_i = 0,$$

somit ist (3.14) erfüllt, Q_m ist sogar ein Orthogonalprojektor. $\diamond$

Sind Messungen zufälligen Störungen unterworfen, dann ist (3.11) keine adäquate Formulierung eines Identifikationsproblems. Zur Modellierung zufälliger Messabweichungen kann wie in [32] ein **stochastischer Beobachtungsoperator**

$$B_S : \mathbb{W} \times \Omega \to \mathbb{R}^\ell, \quad (w, \omega) \mapsto B(w) + E(\omega)$$

eingeführt werden mit einer nicht näher spezifizierten Menge Ω und einem Vektor $E(\omega) = (E_1(\omega), \ldots, E_\ell(\omega))^T$ reeller Zufallsvariablen

$$E_i : \Omega \to \mathbb{R}, \quad \omega \mapsto E_i(\omega), \quad i = 1, \ldots, \ell.$$

Aus der Beobachtungsgleichung (3.11) wird die **stochastische Beobachtungsgleichung**

$$B_S(T(u), \omega) = B_S(w, \omega) \quad \text{für alle} \quad \omega \in \Omega. \tag{3.15}$$

Wesentlich ist, dass $B_S(w, \omega)$ nicht mit frei wählbarem ω ausgewertet werden kann. Vielmehr wird durch den Beobachtungsvorgang selbst unter der Hand und von außen nicht beeinflussbar ein $\hat{\omega}$ ausgewählt und ein Messergebnis in der Form $B_S(w, \hat{\omega})$ sichtbar. Die nicht beeinflussbare Wahl von $\hat{\omega} \in \Omega$ repräsentiert den Zufall. Schreibt man (3.15) in der Form

$$B(T(u)) + E(\omega) = B(w) + E(\omega) \quad \text{für alle} \quad \omega \in \Omega,$$

dann bedeutet dies, dass nur die Summe, nicht aber die einzelnen Summanden auf der rechten Seite beobachtet werden können. Die Aufgabe besteht also darin, eine Lösung $u \in \mathbb{U}$ von

$$B(T(u)) + E(\hat{\omega}) = \hat{\beta}, \quad \hat{\beta} := B(w) + E(\hat{\omega}) \tag{3.16}$$

ohne explizite Kenntnis von $E(\hat{\omega})$ zu schätzen. In den folgenden Untersuchungen wird die stochastische Modellierung von Messabweichungen nicht weiter verfolgt. Stattdessen wird eine numerische Beschränkung der Größe von Messabweichungen

$$\|\beta - \hat{\beta}\|_2 \leq \delta$$

mit einem *bekannten* $\delta > 0$ unterstellt. Etwas suggestiver wird dann β^δ statt $\hat\beta$ für die gestörten Messwerte geschrieben, so dass die letzte Ungleichung

$$\|\beta - \beta^\delta\|_2 \leq \delta \qquad (3.17)$$

lautet.

3.3   Diskretisierung durch Projektionsverfahren

Die in diesem Abschnitt präsentierten Ergebnisse stammen im Wesentlichen aus [25], die Darstellung orientiert sich jedoch an [19]. Statt eines festen Indexes $m \in \mathbb{N}$ mit dazugehörigem Teilraum $Y_m \subseteq Y$ werden nun mit $(m_k)_{k\in\mathbb{N}}$ eine monoton steigende Folge natürlicher Zahlen betrachtet und dazugehörig mit $(Y_{m_k})_{k\in\mathbb{N}}$ eine Folge m_k-dimensionaler Unterräume von Y. Der Projektionsoperator Q_m wird zu einer Folge $(Q_{m_k})_{k\in\mathbb{N}}$ von Projektionsoperatoren $Q_{m_k} : Y \to Y_{m_k}$, welche eine ganze Folge „projizierter Versionen" $Q_{m_k}T(u) = Q_{m_k}w$ der Gleichung $T(u) = w$ definieren. Dies entspricht natürlich nicht der in der Praxis vorliegenden Situation, wo man es in der Regel mit einer einzigen Beobachtung $B(w)$ zu tun und eine einzige projizierte Gleichung $Q_mT(u) = Q_mw$ zu lösen hat. Dennoch ist die Frage wichtig, ob bei einer Steigerung des technischen Aufwands, also bei einer immer genaueren Beobachtung von w, die Lösung der projizierten Gleichung auch immer näher an der gesuchten Lösung des Identifikationsproblems liegt – gerade dazu dient die Betrachtung der Unterräume Y_{m_k} aufsteigender Dimension und zugehöriger Projektoren.

Zur Lösung der projizierten Gleichung $Q_{m_k}T(u) = Q_{m_k}w$ gibt man sich einen n_k-dimensionalen Unterraum $X_{n_k} \subseteq X$ vor sowie jeweils eine Basis

$$\{x_1,\ldots,x_{n_k}\} \text{ von } X_{n_k} \quad \text{und} \quad \{y_1,\ldots,y_{m_k}\} \text{ von } Y_{m_k}. \qquad (3.18)$$

Eine Näherungslösung $u_k \in X_{n_k}$ von u kann dann immer als $u_k = \sum_{j=1}^{n_k} \alpha_j x_j$ angesetzt werden. Es werden nun zwei zusätzliche Annahmen gemacht.

Voraussetzung 3.6
$(X, \|\bullet\|_X)$ *und* $(Y, \|\bullet\|_Y)$ *seien beides* $\mathbb{R}$*-Banachräume. Es sei nun insbesondere*

$$\mathbb{U} = X.$$

Es sei $\mathbb{W} \subseteq Y$ *und es sei* $T : \mathbb{U} = X \to \mathbb{W}$ *eine stetige, bijektive Abbildung, die nun insbesondere*

linear

sei – entsprechend heißt das durch die Gleichung $T(u) = w$ *gegebene inverse Problem linear.*

Die Linearitätsannahme bedeutet eine wesentliche Vereinfachung. Beispiele von in der Praxis selbstverständlich ebenso vorkommenden nichtlinearen Problemen werden erst in Kap. 5 betrachtet. Die Annahme $\mathbb{U} = X$ (die in Kap. 5 ebenso fallengelassen wird) bedeutet gleichfalls eine echte Einschränkung, denn sie macht *jedes* Element

$$u_k = \sum_{j=1}^{n_k} \alpha_j x_j \in X_{n_k}, \quad \alpha_j \in \mathbb{R},$$

zu einem zulässigen Approximanten von $u = T^{-1}w \in \mathbb{U}$. Wäre hingegen $\mathbb{U} \subset X$ eine echte Teilmenge, dann gäbe es Einschränkungen bei der Wahl zulässiger Koeffizienten α_j. Wäre beispielsweise $X_{n_k} = S_2(t_1, \ldots, t_{n_k}) \subseteq X = C[a, b]$ mit Basisfunktionen $x_j = N_{j,2}$ und $\mathbb{U} = \{x \in X; \ x(t) \geq 0, \ a \leq t \leq b\}$, dann hätte man die Nebenbedingungen $\alpha_j \geq 0$ für alle j zu berücksichtigen.

Jedes $Q_{m_k} w$ mit $w \in Y$ und jedes $Q_{m_k} T x_j$ besitzt eine eindeutige Basisdarstellung

$$Q_{m_k} w = \sum_{i=1}^{m_k} \beta_i y_i \quad \text{und} \quad Q_{m_k} T x_j = \sum_{i=1}^{m_k} A_{i,j} y_i, \quad j = 1, \ldots, n_k, \quad (3.19)$$

mit Koeffizienten $\beta_i, A_{i,j} \in \mathbb{R}$. Die projizierte Gleichung $Q_{m_k} T u = Q_{m_k} w$ wird von $u_k = \sum_{j=1}^{n_k} \alpha_j x_j \in X_n$ genau dann gelöst, wenn

$$\sum_{j=1}^{n_k} A_{i,j} \alpha_j = \beta_i, \quad i = 1, \ldots, m_k, \quad \text{also } A\alpha = \beta \quad (3.20)$$

für $\alpha = (\alpha_1, \ldots, \alpha_{n_k})^T$ und $\beta = (\beta_1, \ldots, \beta_{m_k})^T$. Dies stellt eine „diskretisierte Version" des linearen inversen Problems $T(u) = w$ in Form eines linearen Gleichungssystems dar. Von T wurde Bijektivität vorausgesetzt, wie es für ein Identifikationsproblem natürlich ist. Dennoch muss (3.20) keine Lösung besitzen. Ersatzweise wird eine Lösung des entsprechenden Ausgleichsproblems bestimmt:

$$\text{Finde } \hat{\alpha} \text{ so, dass} \quad \|\beta - A\hat{\alpha}\|_2 \leq \|\beta - A\alpha\|_2 \quad \text{für alle } \alpha \in \mathbb{R}^{n_k}. \quad (3.21)$$

Bei fehlender Eindeutigkeit nimmt man die Minimum-Norm-Lösung von (3.21). *Formal* lassen sich $\hat{\alpha}$ und u_k dann mit Hilfe der Pseudoinversen angeben:

$$\hat{\alpha} := A^+ \beta \in \mathbb{R}^{n_k}, \quad u_k := \sum_{j=1}^{n_k} \hat{\alpha}_j x_j. \quad (3.22)$$

Bei Berücksichtigung von Einschränkungen $\mathbb{U} \subseteq X$ müsste (3.21) durch ein lineares Ausgleichsproblem mit Nebenbedingungen ersetzt werden.

Definition 3.7 (Projektionsverfahren) *Die Voraussetzung 3.6 sei erfüllt. Als* **Projektionsverfahren** *oder* **Projektionsmethode** *bezeichnet man folgendes prinzipielle Vorgehen zur näherungsweisen Berechnung der Lösung u^* von $T(u) = w$.*

1. *Wahl einer Folge $(Y_{m_k})_{k \in \mathbb{N}}$ von m_k-dimensionalen Teilräumen $Y_{m_k} \subseteq Y$, Wahl einer jeweiligen Basis $\{y_1, \ldots, y_{m_k}\}$ von Y_{m_k} und Wahl von stetigen, linearen Projektoren $Q_{m_k} : Y \to Y_{m_k}$. Die Folge $(m_k)_{k \in \mathbb{N}}$ natürlicher Zahlen sei monoton steigend.*

2. *Wahl einer Folge $(X_{n_k})_{k \in \mathbb{N}}$ von n_k-dimensionalen Teilräumen $X_{n_k} \subseteq X$ und Wahl einer jeweiligen Basis $\{x_1, \ldots, x_{n_k}\}$ von X_{n_k}. Die Folge $(n_k)_{k \in \mathbb{N}}$ natürlicher Zahlen sei monoton steigend.*

3. *Bestimmen eines $u_k \in X_{n_k}$ wie in (3.22), welches die projizierten Gleichung $Q_{m_k} T(u) = Q_{m_k} w$ näherungsweise löst.*

Für jedes Projektionsverfahren sind zwei Fragen zu beantworten. Erstens die *Konvergenzfrage*: Konvergiert die Näherung u_k für $k \to \infty$ gegen u^*? Zweitens die *Robustheitsfrage*: Wenn nur mit (stochastischen) Messabweichungen behaftete Beobachtungen einer Wirkung w verfügbar sind, also (3.16) und nicht (3.11) zu lösen ist, wie stark wirkt sich dann der Fehler $\beta - \hat{\beta}$ auf das berechnete u_k aus? Die folgenden weiteren Voraussetzungen stellen sicher, dass mit wachsendem Index k sowohl die Wirkung w beliebig genau durch $Q_{m_k} w$ als auch, dass die gesuchte Ursache beliebig genau durch Ansatzfunktionen $u_k \in X_{n_k}$ approximierbar sind. Diese Voraussetzungen müssen mindestens erfüllt sein, wenn eine Projektionsmethode konvergent sein soll.

Voraussetzung 3.8

Es liege eine Projektionsmethode vor, insbesondere sei Voraussetzung 3.6 erfüllt. Bezüglich der Räume Y_{m_k} und der Projektoren Q_{m_k} gelte für jedes $w \in \mathbb{W}$:

$$\|Q_{m_k} w - w\|_Y \to 0 \quad \textit{für} \quad k \to \infty.$$

Bezüglich der Teilräume X_{n_k} gelte für jedes $u \in \mathbb{U} = X$:

$$\min\{\|u - \tilde{u}\|_X ; \ \tilde{u} \in X_{n_k}\} \to 0 \quad \textit{für} \quad k \to \infty.$$

Voraussetzung 3.6 muss immer erfüllt sein, wenn im Folgenden von einer Projektionsmethode die Rede ist. Voraussetzung 3.8 muss zwar bei konvergenten Verfahren erfüllt sein, ist aber nicht zwingend für jedes Projektionsverfahren vorgeschrieben und wird stets explizit gefordert, wo sie benötigt wird.

Drei verschiedene Projektionsverfahren

Projektionsverfahren unterscheiden sich in der Wahl der Basen $\{x_1, \ldots, x_{n_k}\}$ beziehungsweise $\{y_1, \ldots, y_{m_k}\}$ und des Operators Q_{m_k}. Drei mögliche Projektionsverfahren werden nun beispielhaft in konkreten Situationen vorgestellt, das **Kollokationsverfahren**, das **Galerkinverfahren** und die **Fehlerquadratmethode**.

Bei **Kollokationsverfahren** ist Q_{m_k} ein Interpolationsoperator.

Beispiel 3.9 (Kollokationsverfahren) Speziell sei $\mathbb{W} \subseteq Y = H^1(a,b)$ mit Norm $\| \bullet \|_Y = \| \bullet \|_{L_2(a,b)}$ und für $a = t_1 < \ldots < t_{m_k} = b$ sei Q_{m_k} der durch

$$Q_{m_k} : Y \to Y_{m_k} := S_2(t_1, \ldots, t_{m_k}), \quad y \mapsto \sum_{j=1}^{m_k} y(t_j) N_{j,2}$$

definierte Interpolationsoperator. Satz 3.3 garantiert, dass bezüglich Y_{m_k} und Q_{m_k} die Voraussetzung 3.8 erfüllt ist, sofern $\max\{t_{i+1} - t_i; \; i = 1, \ldots, m_k - 1\} \to 0$ für $m_k \to \infty$. Eine Näherungslösung $u_k \in X_{n_k}$ hat die Form $u_k = \sum_{j=1}^{n_k} \alpha_j x_j$. Einsetzen in die projizierte Gleichung $Q_{m_k} T u = Q_{m_k} w$ führt auf das Gleichungssystem

$$\sum_{j=1}^{n_k} \alpha_j T x_j(t_i) = w(t_i), \quad i = 1, \ldots, m_k,$$

oder kurz $A\alpha = \beta$ mit $A_{i,j} = T x_j(t_i)$ und $\beta_i = w(t_i)$ in genauer Entsprechung zu (3.19). Liegt das inverse Problem etwa in Form einer Fredholmschen Integralgleichung

$$\int_a^b k(s,t) u(s) \, ds = w(t), \quad a \le t \le b,$$

vor, dann erhält man

$$A_{i,j} = \int_a^b k(s,t_i) x_j(s) \, ds \quad \text{und} \quad \beta_i = w(t_i)$$

als Komponenten von A und β.   ◇

Beispiel 3.10 (Kollokation in der Computer-Tomographie) In der Tomographie (für die folgenden Bezeichner D, R, f, g, φ und s siehe Beispiel 1.4) wird die Kollokationsmethode bei der **algebraische Rekonstruktionstechnik (ART)** benutzt. Es wird der Träger $\mathrm{supp}(f) \subset D \subset \mathbb{R}^2$ der gesuchten Funktion f durch kleine, disjunkte Quadrate („Pixel") $Q_1, \ldots, Q_{n_k}$ überdeckt und eine Näherung für f als stückweise konstante Funktion der Form

$$f_k := \sum_{j=1}^{n_k} \alpha_j \chi_{Q_j}$$

angesetzt, wobei χ_{Q_j} die charakteristische Funktion von Q_j ist. Ein CT-Scanner tastet die Radon-Transformierte $Rf = g$ ab und liefert Messwerte $g(\varphi_i, s_i)$, $i = 1, \ldots, m_k$. Dies führt auf ein lineares Gleichungssystem $A\alpha = \beta$ mit

$$A_{i,j} = (R\chi_{Q_j})(\varphi_i, s_i), \quad \beta_i = g(\varphi_i, s_i),$$

wobei die Werte $A_{i,j}$ analytisch berechnet werden können. Das Gleichungssystem $A\alpha = \beta$ wäre selbst bei zu 100 % exakten Messwerten $g(\varphi_i, s_i)$ inkonsistent, da diese zu f, nicht aber zu f_k passen. $\diamond$

Bei **Galerkinverfahren** sind die Q_{m_k} Orthogonalprojektoren. Dazu sei $(Y, \langle \bullet | \bullet \rangle)$ ein *Hilbertraum*. Für einen Orthogonalprojektor Q_{m_k} ist die Gleichung $Q_{m_k} Tu = Q_{m_k} w \Longleftrightarrow Q_{m_k}(Tu - w) = 0$ gleichbedeutend mit

$$\langle Tu | y_i \rangle = \langle w | y_i \rangle, \quad i = 1, \ldots, m_k.$$

Setzt man hierfür eine Lösung $u_k = \sum_{j=1}^{n_k} \alpha_j x_j$ an, dann führt dies auf das lineare Gleichungssystem

$$\sum_{j=1}^{n_k} \alpha_j \underbrace{\langle T x_j | y_i \rangle}_{=: A_{i,j}} = \langle w | y_i \rangle =: \beta_i, \quad i = 1, \ldots, m_k, \tag{3.23}$$

für die Koeffizienten α_j. Ersatzweise muss das zu (3.23) gehörige Ausgleichsproblem gelöst werden.

Beispiel 3.11 (Galerkinverfahren)   Im Fall der Fredholmschen Integralgleichung

$$\int_a^b k(s,t) u(s) \, ds = w(t), \quad a \leq t \leq b,$$

sei $Y = L_2(a,b)$ mit (reellem) Skalarprodukt $\langle x | y \rangle = \int_a^b x(t) y(t) dt$. Für die Unterräume $Y_{m_k} = S_2(t_1, \ldots, t_{m_k})$ mit Basen $\{N_{1,2}, \ldots, N_{m_k,2}\}$ ergibt sich das lineare Gleichungssystem $A\alpha = \beta$ mit

$$A_{i,j} = \langle \int_a^b k(s,t) x_j(s) | N_{i,2}(t) \rangle = \int_a^b \int_a^b k(s,t) x_j(s) N_{i,2}(t) \, ds \, dt,$$

$$\beta_i = \int_a^b w(t) N_{i,2}(t) \, dt$$

als Komponenten. $\diamond$

Das Galerkinverfahren ist offenbar rechenaufwändiger als das Kollokationsverfahren. Zudem ist die exakte Berechnung der Werte β_i nicht möglich, wenn nur Beobachtungswerte $w(t_1), \ldots, w(t_{m_k})$ zur Verfügung stehen. Dann kann β_i nur näherungsweise über eine numerische Integrationsformel der Bauart

$$\beta_i = \langle w | N_{i,2} \rangle_Y \approx \sum_{p=1}^{m_k} \gamma_{i,p} w(t_p) \tag{3.24}$$

mit Gewichten $\gamma_{i,p} \in \mathbb{R}$ bestimmt werden – das Galerkinverfahren enthält „Kollokationsanteile". Weiterhin gibt es einen Unterschied bei den Matrix-Komponenten $A_{i,j}$: Nach (3.19) ist $A_{i,j}$ der Koeffizient von y_i in der Darstellung von $Q_{m_k} T x_j$ bezüglich der Basis $\{y_1, \ldots, y_{m_k}\}$. Dies stimmt mit (3.23) nur dann überein, wenn $\{y_1, \ldots, y_{m_k}\}$ eine Orthonormalbasis von Y_{m_k} ist.

Bei der **Fehlerquadratmethode** wird ein Bestapproximant von w berechnet. Dazu sei $(Y, \langle \bullet | \bullet \rangle)$ ein *Hilbertraum*, $\langle \bullet | \bullet \rangle$ induziere die Norm $\| \bullet \|_Y$. Nach dem Projektionssatz 1.5 gibt es einen eindeutigen Bestapproximanten von w im endlich-dimensionalen Raum $TX_{n_k} := \{y \in Y; \ y = Tx, \ x \in X_{n_k}\}$, also einen eindeutig bestimmten Vektor Tu_k, welcher

$$\|Tu_k - w\|_Y \leq \|Tv - w\|_Y \quad \text{für alle} \quad v \in X_{n_k} \tag{3.25}$$

erfüllt und charakterisiert ist durch die Gleichungen

$$\langle Tu_k | Tv \rangle = \langle w | Tv \rangle \quad \text{für alle} \quad v \in X_{n_k}. \tag{3.26}$$

Aus der Bijektivität von T folgt, dass mit Tu_k auch u_k eindeutig bestimmt ist. Gleichung (3.26) zeigt, dass die Fehlerquadratmethode gerade ein Galerkinverfahren mit der speziellen Wahl $Y_{n_k} := TX_{n_k}$ ist – jetzt ist also $m_k = n_k$. Der Ansatz $u_k = \sum_{j=1}^{n_k} \alpha_j x_j$ führt auf

$$\sum_{j=1}^{n_k} \alpha_j \langle T x_j | T x_i \rangle = \langle w | T x_i \rangle, \quad i = 1, \ldots, n_k, \tag{3.27}$$

kurz $A\alpha = \beta$ mit $A_{i,j} = \langle T x_j | T x_i \rangle$ und $\beta_i = \langle w | T x_i \rangle$. Die Matrix A ist symmetrisch positiv definit, so dass das lineare Gleichungssystem (3.27) eindeutig lösbar und es nicht nötig ist, zum Ausgleichsproblem überzugehen.

In den nächsten drei Sätzen werden allgemeine und entsprechend abstrakte Antworten auf die Konvergenz- und die Robustheitsfrage für Projektionsverfahren gegeben. Diese Aussagen werden vorab zusammengefasst.

Aussagen der folgenden Sätze 3.12, 3.13 und 3.14

Projektionsverfahren definieren Folgen linearer, stetiger Abbildungen $R_k : Y \rightarrow X_{n_k}$, welche zu einer gegebenen Wirkung w Näherungen $u_k := R_k w$ der gesuchten Ursache $u = T^{-1} w$ rekonstruieren. Sie sind auch unter Voraussetzung 3.8 nur unter einer weiteren, zusätzlichen Bedingung konvergent. Ist diese Bedingung erfüllt, dann hat u_k keine schlechtere Approximationsqualität als ein Bestapproximant von u in X_{n_k} (Satz 3.12). Ist nur eine Näherung w^δ der Wirkung w bekannt mit $\|w^\delta - w\|_Y \leq \delta$, dann liefert eine Projektionsmethode ein Rekonstrukt $u_k^\delta = R_k w^\delta$, dessen Fehler $u - u_k^\delta$ im Allgemeinen nicht beliebig klein werden kann. Die Größe $\|u - u_k^\delta\|_X$ kann nur durch die Summe *zweier* Terme abgeschätzt werden, *die sich ganz gegensätzlich verhalten*. Der eine entspricht dem hypothetischen Rekonstruktionsfehler $\|u - u_k\|_X$ bei exakt bekanntem w und strebt für konvergente Verfahren bei immer feinerer Diskretisierung (also $k \rightarrow \infty$) gegen null. Der andere entspricht einer Verstärkung des Datenfehlers $\|w^\delta - w\|_Y$ durch die Rekonstruktionsmethode R_k und wird bei immer feinerer Diskretisierung schließlich unendlich groß (Satz 3.13, Bild 3.3). Die Fehlerquadratmethode zeichnet sich dadurch aus, dass sie unter allen Projektionsmethoden eine minimale Verstärkung des Datenfehlers verursacht (Satz 3.14).

Konvergenz von Projektionsverfahren

Es ist zu untersuchen, wie gut die Lösung u_k aus (3.22) die Lösung $u^* \in X$ von $Tu = w$ annähert. Zunächst werden einige Bezeichnungen eingeführt. Dazu sei

$$T_k := Q_{m_k} T_{|X_{n_k}} : X_{n_k} \rightarrow Y_{m_k}$$

die lineare Abbildung, die durch die Matrix A aus (3.19) beziehungsweise aus (3.23) (beim Galerkin-Verfahren) repräsentiert wird. Die Pseudoinverse A^+ von A definiert eine lineare Abbildung $T_k^+ : Y_{m_k} \rightarrow X_{n_k}$. Weiter sei

$$R_k := T_k^+ Q_{m_k} : Y \rightarrow X_{n_k}, \tag{3.28}$$

so dass $u_k = R_k w \in X_{n_k}$. Ein Projektionsverfahren heißt **konvergent**, wenn

$$x \in X \quad \Longrightarrow \quad R_k T x \rightarrow x \quad \text{für} \quad k \rightarrow \infty. \tag{3.29}$$

Da $T : X \rightarrow \mathbb{W}$ bijektiv ist, ist dies gleichbedeutend mit $R_k w \rightarrow T^{-1} w$ für $k \rightarrow \infty$ und jedes $w \in \mathbb{W}$, das heißt mit der gewünschten Konvergenz von u_k gegen $u = T^{-1} w$. Durch Voraussetzung 3.8 wird garantiert, dass sich jedes $w \in \mathbb{W}$ und jedes dazu gehörige $u = T^{-1}w$ beliebig genau durch ein Element in Y_{m_k} beziehungsweise in X_{n_k} approximieren lassen. Das reicht aber *nicht*, um die Konvergenz der Projektionsmethode gemäß (3.29) sicherzustellen. Vielmehr gilt der

Satz 3.12 (Konvergenz der Projektionsmethode) *Für ein Projektionsverfahren sei die Voraussetzung 3.8 erfüllt und es gelte Rang(A) $= n_k$ für A aus (3.19) bzw. (3.23). Das Projektionsverfahren ist genau dann konvergent, wenn es eine Konstante C gibt mit*

$$\|R_k T\| \leq C \quad \text{für alle} \quad k \in \mathbb{N}. \tag{3.30}$$

In diesem Fall gilt für $u = T^{-1}w$ und $u_k = R_k w$ die Abschätzung

$$\|u - u_k\|_X \leq (1 + C) \cdot \min_{v \in X_{n_k}} \{\|u - v\|_X\}. \tag{3.31}$$

Beweis Dass Bedingung (3.30) notwendig ist für (3.29), folgt aus dem Satz von der gleichmäßigen Beschränktheit ([15], Satz 40.2). Umgekehrt ist zu zeigen, dass die Konvergenz (3.29) aus (3.30) folgt. Sei dazu $w \in \mathbb{W}$ beliebig, aber fest gewählt und $u = T^{-1}w$. Wegen Rang(A) $= n_k$ ist $A^+ = (A^T A)^{-1} A^T$ für A aus (3.19) (bzw. (3.23)), also $A^+ A = I_{n_k}$. Damit ist für alle $v \in X_{n_k}$:

$$R_k T v = T_k^+ Q_{m_k} T_{|X_{n_k}} v = T_k^+ T_k v = v.$$

Das bedeutet, dass $R_k T$ ein Projektor von X nach X_{n_k} ist. Mit der identischen Abbildung $I : X \to X, x \mapsto x$ und $u_k = R_k w = R_k T u$ folgt für alle $v \in X_{n_k}$:

$$u - u_k = u - R_k T u = (I - R_k T)u = (I - R_k T)(u - v).$$

Dies zeigt sowohl (3.29) als auch (3.31). □

Die Voraussetzung, dass die Matrix A vollen Rang habe, ist in Anwendungen nur in Ausnahmefällen verletzt. Sollte dies geschehen, dann definiert (3.22) die Minimum-Norm-Lösung $\hat{\alpha}$ des linearen Ausgleichsproblems (3.21) und dadurch ein eindeutiges $u_k \in X_{n_k}$. Sollten X und Y Hilberträume und ansonsten Voraussetzung 3.8 erfüllt sein, dann ist die Konvergenz der Projektionsmethode auch in diesem Fall äquivalent zur Bedingung (3.30), siehe [31], Satz 6.1.4 und Lemma 6.1.5.

Gesamtfehler der Rekonstruktion

Die Unterstellung *exakter* Beobachtungswerte $B(w)$ von $w \in \mathbb{W}$ ist unrealistisch, vielmehr treten Störungen auf, wie in (3.16) stochastisch beziehungsweise in (3.17) numerisch modelliert. Praktisch führt das dazu, dass man statt (3.21) für ein $\beta^\delta \approx \beta$ das lineare Ausgleichsproblem

$$\text{Finde } \hat{\alpha}^\delta \text{ so, dass } \quad \|\beta^\delta - A\hat{\alpha}^\delta\|_2 \le \|\beta^\delta - A\alpha\|_2 \quad \text{für alle} \quad \alpha \in \mathbb{R}^{n_k} \tag{3.32}$$

löst und daraus eine Näherung für die gesuchte Lösung u^* von $Tu = w$ bestimmt:

$$\hat{\alpha}^\delta := A^+\beta^\delta, \quad u_k^\delta := \sum_{j=1}^{n_k} \hat{\alpha}_j^\delta x_j. \tag{3.33}$$

Die folgende Analyse behandelt nur den Fall, wo Messabweichungen wie in (3.17) numerisch beschränkt sind, also

$$\|\beta - \beta^\delta\|_2 \le \delta \tag{3.34}$$

gilt. Unter dieser Voraussetzung erhält man die folgende Aussage.

Satz 3.13 (Rekonstruktionsfehler beim Projektionsverfahren) *Die Voraussetzung 3.8 sei erfüllt, A und β seien gemäß (3.19) beziehungsweise (3.23) zu gegebenem $w \in \mathbb{W}$ berechnet und es gelte Rang$(A) = n_k$. Für ein $\beta^\delta \in \mathbb{R}^{m_k}$ gelte $\|\beta - \beta^\delta\|_2 \le \delta$ und es sei $u_k^\delta := \sum_{j=1}^{n_k} \hat{\alpha}_j^\delta x_j$ mit $\hat{\alpha}^\delta = A^+\beta^\delta$ wie in (3.33). Dann ist*

$$\|u - u_k^\delta\|_X \le \frac{a_{n_k}}{\sigma_{n_k}}\delta + \|u - R_k Tu\|_X, \tag{3.35}$$

wobei $u = T^{-1}w$ und $\sigma_{n_k} > 0$ der kleinste singuläre Wert von A ist und

$$a_{n_k} := \max\left\{\left\|\sum_{j=1}^{n_k} \lambda_j x_j\right\|_X ; \sum_{j=1}^{n_k} |\lambda_j|^2 = 1\right\}$$

von der gewählten Basis $\{x_1, \ldots, x_{n_k}\}$ von X_{n_k} abhängt. Ist auf X ein Skalarprodukt gegeben, dann nimmt a_{n_k} bei Wahl einer Orthonormalbasis den Wert 1 an.

Beweis Mit $u_k := R_k w = R_k Tu$, der zum exakten β gehörigen Näherungslösung, ist $\|u - u_k^\delta\|_X \le \|u_k - u_k^\delta\|_X + \|u - R_k Tu\|_X$. Nun ist $u_k - u_k^\delta = \sum_{j=1}^{n_k}(\hat{\alpha}_j - \hat{\alpha}_j^\delta)x_j$ und somit gilt die Abschätzung

$$\|u_k - u_k^\delta\|_X \le a_{n_k}\|\hat{\alpha} - \hat{\alpha}^\delta\|_2 = a_{n_k}\|A^+(\beta - \beta^\delta)\|_2 \le a_{n_k}\|A^+\|_2\|\beta - \beta^\delta\|_2 \le \frac{a_{n_k}}{\sigma_{n_k}}\delta$$

nach Definition 2.6 der Pseudoinversen.   □

Der Verstärkungsfaktor $1/\sigma_{n_k}$ ist schon aus Abschätzung (2.6) für $\delta A = 0$ bekannt. Der zusätzliche Faktor a_{n_k} ergibt sich aus der Umrechnung von $\hat{\alpha}^\delta$ in u_k^δ. Man kann versuchen, die Werte β^δ als *exakte* Messwerte einer gegenüber w abgeänderten Wirkung w^δ

zu interpretieren. Dies ist zum Beispiel möglich bei der Kollokation mit $\beta_i = w(t_i)$ für $a = t_1 < \ldots < t_{m_k} = b$:

$$w^\delta(t) := \sum_{i=1}^{m_k} \beta_i^\delta N_{i,2}(t), \quad w^\delta \in S_2(t_1, \ldots, t_m) \subset C[a,b].$$

Ganz analog zu (3.35) ergibt sich dann für $u_k^\delta := R_k w^\delta$ die Abschätzung

$$\|w - w^\delta\|_Y \le \delta \quad \Longrightarrow \quad \|u - u_k^\delta\|_X \le \|R_k\|\delta + \|u - R_k T u\|_X. \tag{3.36}$$

In (3.35) beziehungsweise (3.36) steht der Summand $\|u - R_k T u\|_X$ für den Diskretisierungsfehler. Bei einem konvergenten Verfahren (also unter der Bedingung (3.30) aus Satz 3.12) geht dieser für $k \to \infty$ gegen null. Der Summand $a_{n_k}\delta/\sigma_{n_k}$ in (3.35) beziehungsweise $\|R_k\|\delta$ in (3.36) beinhaltet eine Konditionsaussage und gibt an, wie sensitiv die rekonstruierte Näherungslösung auf Messabweichungen in β beziehungsweise Änderungen der Wirkung w reagiert. Nach dem Wortlaut von Definition 1.13 ist das Problem (3.32) mit Lösung (3.33) wohlgestellt, weil der Fehleranteil $a_{n_k}\delta/\sigma_{n_k}$ (beziehungsweise $\|R_k\|\delta$) für $\delta \to 0$ gegen null geht. In der Praxis hat man es hingegen mit einem *finiten* Fehler der Größe δ zu tun, der nicht beliebig klein wird. Je größer m_k und n_k werden, desto besser nähert R_k den inversen Operator T^{-1} an. Bei schlechtgestellten Problemen ist deswegen $1/\sigma_{n_k} \to \infty$ beziehungsweise $\|R_k\| \to \infty$ für $k \to \infty$. Dies bedeutet, dass die Kondition von (3.32) umso schlechter wird, je feiner man diskretisiert. Das lässt sich auch formal nachrechnen:

$$\|R_k\| = \sup\left\{\frac{\|R_k y\|_X}{\|y\|_Y}; \; y \in Y, \; y \ne 0\right\} \ge \sup\left\{\frac{\|R_k T x\|_X}{\|Tx\|_Y}; \; x \in X, \; x \ne 0\right\}$$

$$\ge \sup\left\{\frac{\|R_k T v\|_X}{\|Tv\|_Y}; \; v \in X_{n_k}, \; v \ne 0\right\} = \sup\left\{\frac{\|v\|_X}{\|Tv\|_Y}; \; v \in X_{n_k}, \; v \ne 0\right\}$$

$$=: \; \alpha_k \longrightarrow \infty, \quad \text{falls } Tu = w \text{ schlecht gestellt,} \tag{3.37}$$

wobei bei der vorletzten Identität die beim Beweis von Satz 3.12 festgestellte Projektionseigenschaft von $R_k T : X \to X_{n_k}$ benutzt wurde. Die behauptete Divergenz der Folge $(\alpha_k)_{k \in \mathbb{N}}$ ist leicht einzusehen. Wäre nämlich $\alpha_k \le C$ für alle $k \in \mathbb{N}$, dann wäre $\|v\|_X \le C\|Tv\|_Y$ für alle $v \in X_{n_k}$ und alle k und damit wegen Voraussetzung 3.8 auch $\|x\|_X \le C\|Tx\|_Y$ für alle $x \in X$ im Widerspruch zur Unstetigkeit (Unbeschränktheit) von T^{-1} bei schlecht gestellten Problemen. In Abb. 3.3 ist das gegenläufige Verhalten der beiden Fehleranteile in der rechten Seite von (3.36) skizziert. Der Gesamtfehler wird nicht beliebig klein. Man könnte allerdings fragen, wie die Parameter m_k und n_k optimal gewählt werden sollen, um die Schranke auf der rechte Seite in (3.35) möglichst klein zu halten. Da die Schranke von der unbekannten Lösung von $Tu = w$ abhängt, lässt sich dies im Allgemeinen jedoch nicht herausfinden. Darüber hinaus ist fraglich, ob man überhaupt

Abb. 3.3 Qualitativer Verlauf
des Rekonstruktionsfehlers

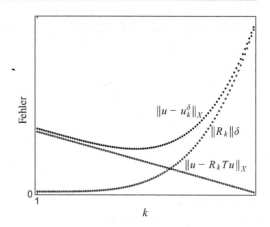

die Wahl hat, sich Werte m_k und n_k, die einer Diskretisierungsfeinheit entsprechen, nach Belieben auszusuchen. Zumindest der Parameter m_k war in den vorangegangenen Beispielen immer durch die Anzahl von Messwerten, die von einer Wirkung $w \in \mathbb{W}$ erhoben werden, bestimmt und damit gerade nicht frei wählbar.

Konvergenz und Robustheit der Fehlerquadratmethode

Satz 3.14 (Konvergenz der Fehlerquadratmethode) *Die Voraussetzung 3.8 sei erfüllt, X und Y seien Hilberträume und A und β seien zu gegebenem $w \in \mathbb{W}$ gemäß (3.27) bestimmt. Es sei*

$$\alpha_k := \max\{\|z\|_X;\ z \in X_{n_k},\ \|Tz\|_Y = 1\} \tag{3.38}$$

und es gebe eine Konstante C mit

$$\min_{z \in X_{n_k}} \{\|x - z\|_X + \alpha_k \|T(x - z)\|_Y\} \le C \|x\|_X \quad \text{für alle} \quad x \in X, \tag{3.39}$$

dann ist die Fehlerquadratmethode konvergent und es ist $\|R_k\| \le \alpha_k$.

Beweis Für die Fehlerquadratmethode ist stets $m_k = n_k$. Für beliebiges $u \in X$ sei $u_k := R_k T u$. Nach (3.26) ist $\langle T u_k | T z \rangle = \langle T u | T z \rangle$ für alle $z \in X_{n_k}$. Daraus folgt

$$
\begin{aligned}
\|T(u_k - z)\|_Y^2 &= \langle T(u_k - z) | T(u_k - z) \rangle = \langle T(u - z) | T(u_k - z) \rangle \\
&\le \|T(u - z)\|_Y \|T(u_k - z)\|_Y,
\end{aligned}
$$

so dass $\|T(u_k - z)\|_Y \le \|T(u - z)\|_Y$ für alle $z \in X_{n_k}$ gilt. Nach Definition von α_k ist

$$\|u_k - z\|_X \le \alpha_k \|T(u_k - z)\|_Y \le \alpha_k \|T(u - z)\|_Y,$$

so dass

$$\|u_k\|_X \leq \|u_k - z\|_X + \|u - z\|_X + \|u\|_X$$
$$\leq \|u\|_X + (\|u - z\|_X + \alpha_k \|T(u - z)\|_Y)$$

für alle $z \in X_{n_k}$. Nach Voraussetzung (3.39) ist $\|u_k\|_X \leq (1 + C)\|u\|_X$. Folglich ist die für die Konvergenz hinreichende Bedingung (3.30) erfüllt. Ganz ähnlich ist $u_k := R_k w$ (für $w \in \mathbb{Y}$) nach (3.26) definiert durch $\langle Tu_k | Tz \rangle = \langle w | Tz \rangle$ für alle $z \in X_{n_k}$, so dass $\|Tu_k\|_Y^2 = \langle w | Tu_k \rangle \leq \|w\|_Y \|Tu_k\|_Y$ und deswegen $\|u_k\|_Y \leq \alpha_k \|Tu_k\|_Y \leq \alpha_k \|w\|_Y$. Dies zeigt $\|R_k\| \leq \alpha_k$. $\qquad\square$

Die in Satz 3.14 festgestellte Schranke $\|R_k\| \leq \alpha_k$ bedeutet wegen der allgemein für Projektionsverfahren gültigen Abschätzung (3.37), dass die Fehlerquadratmethode optimal robust ist: Ungenauigkeiten in w werden minimal verstärkt. Allerdings ist die Fehlerquadratmethode nicht immer konvergent. Ob die für die Konvergenz entscheidende Bedingung (3.39) erfüllt ist, welche sowohl vom Operator T als auch von den Unterräumen X_{n_k} abhängt, muss in jedem Einzelfall untersucht werden. Ein spezielles Resultat ist:

Satz 3.15 (Fehlerquadratmethode für Faltungsgleichungen) *Es sei für* $X = \mathbb{U} = L_2(a, b)$, $Y = L_2(\mathbb{R})$ *und* $g \in L_2(\mathbb{R})$ *der lineare Operator* T *durch*

$$T : X \to Y, \quad Tu(t) := \int_a^b g(t - s)u(s)\, ds, \quad t \in \mathbb{R},$$

definiert. Für $n \in \mathbb{N}$ *werden Unterräume* $X_{n+1} \subset X$ *gemäß*

$$h := (b - a)/n, \quad t_i := a + ih \quad \text{für} \quad i = 0, \dots, n, \quad X_{n+1} := S_2(t_0, \dots, t_n),$$

mit Basisvektoren $x_j = N_{j,2}$, $j = 0, \dots, n$, *gewählt. Weiter sei vorausgesetzt, dass die Fouriertransformierte* $\hat{g}$ *von* g *die beiden Eigenschaften hat:*

$$\hat{g}(\nu) \neq 0 \text{ für alle } \nu \in \mathbb{R} \quad \text{und} \quad |\hat{g}(\nu)| \to 0 \text{ monoton für } |\nu| \to \infty. \tag{3.40}$$

Dann konvergieren die nach der Fehlerquadratmethode (3.27) berechneten Näherungen u_{n+1} *bezüglich* $\|\bullet\|_{L_2(a,b)}$ *gegen die Lösung von* $Tu = w$, $w \in T(X)$.

Dieser Satz wird in [25], S. 337 ff. bewiesen. Setzt man $u \in L_2(a, b)$ durch Null zu einer Funktion $u : \mathbb{R} \to \mathbb{K}$ fort, dann ist $u \in L_2(\mathbb{R})$ und $Tu(t) = \int_{-\infty}^{\infty} g(t - s)u(t)\, ds$. Mit den Fouriertransformierten $\hat{u}$ von u und $\hat{w}$ von w ergibt sich aus dem Faltungslemma (1.26)

$$Tu = w \iff \hat{g}(\nu) \cdot \hat{u}(\nu) = \hat{w}(\nu) \quad \text{für alle} \quad \nu \in \mathbb{R}. \tag{3.41}$$

Unter der Voraussetzung $\hat{g}(\nu) \neq 0$ ist dies äquivalent zu $\hat{u}(\nu) = \hat{w}(\nu)/\hat{g}(\nu)$ und das zeigt die Bijektivität von $T : X \to T(X)$. Aus $|\hat{g}(\nu)| \to 0$ für $|\nu| \to \infty$ ergibt sich weiterhin, dass $Tu = w$ schlecht gestellt ist.

Beispiel 3.16 (Anwendung auf Signalentzerrung) Signalentzerrung wie in Beispiel 1.2 bedeutet, bei bekannter Funktion $g : [0, \ell] \to \mathbb{R}$ die Faltungsgleichung

$$w(s) = \int_{s-\ell}^{s} g(s-t)u(t)\, dt$$

(vergleiche (1.10)) nach $u : [a, b] \to \mathbb{R}$ aufzulösen. Durch Fortsetzung mit Nullwerten wie in Beispiel 1.12 werden g und u zu Funktionen in $L_2(\mathbb{R})$. Das Beispiel 1.2 (endlich langer Kanal) wird ein wenig abgewandelt und genau wie in [25], S. 340, wird

$$g : \mathbb{R} \to \mathbb{R}, \quad t \mapsto g(t) = e^{-10t^2}$$

gewählt. Die Fouriertransformierte von g lautet

$$\hat{g} : \mathbb{R} \to \mathbb{R}, \quad \nu \mapsto \hat{g}(\nu) = \sqrt{\frac{\pi}{10}} e^{-\pi^2 \nu^2 / 10}$$

und erfüllt die Voraussetzungen (3.40). Wie aus (3.41) ersichtlich, ist das inverse Problem hier besonders schlecht gestellt: Fehleranteile in w im Frequenzbereich von ν Hertz werden in $u = T^{-1}w$ um einen bei großem ν riesigen Faktor der Größenordnung $\exp(\nu^2)$ verstärkt. Speziell seien nun $a = 0$, $b = 1$ und die Wirkung w so gewählt, dass die exakte Lösung von $Tu = w$ für $t \in [0, 1]$ durch $u(t) = t(1-t)$ gegeben ist. Als gestörte Wirkung wird

$$w^\delta(t) = w(t) + 0{,}0001 \cdot \sin(10t)$$

verwendet. In Abb. 3.4 wird links für verschiedene Diskretisierungsfeinheiten $h = 1/n$, $n = 1, 2, \ldots$ der resultierende Fehler bezüglich $\| \bullet \|_X = \| \bullet \|_{L_2(a,b)}$ dargestellt und rechts das Rekonstrukt u_n^δ für den optimalen Parameter $n = 5$ im Vergleich zu u. Demgegenüber zeigt Abb. 3.5 (links), dass eine zu feine Diskretisierung $h = 1/n$ für $n = 9$ zu einem unbrauchbaren Ergebnis führt. Die Konditionszahl der Matrix A aus (3.27) hat hier bereits die Größenordnung 10^{11}. Rechts in Abb. 3.5 wird das Ergebnis gezeigt, das man für $n = 20$ erhält, wenn man nicht das lineare Gleichungssystem $A\alpha = \beta^\delta$ aus (3.27) löst (das brächte kein signifikantes Ergebnis mehr), sondern ersatzweise $\|\beta^\delta - A\alpha\|_2^2 + \lambda \|\alpha\|_2^2$ bezüglich α (für einen festen Wert $\lambda > 0$) minimiert. Dies ist die sogenannte Tikhonov-Regularisierung, ein Spezialfall einer **Regularisierungsmethode**, wie sie in Kap. 4 ausführlich besprochen werden. Für die Wahl $\lambda = \|\beta - \beta^\delta\|_2^2$ ergab sich ein Fehler $\|u - u_n^\delta\|_{L_2(0,1)}$ der Größe $4{,}8 \cdot 10^{-3}$, vergleichbar mit dem für Diskretisierungsfeinheit $h = 1/5$. Durch Regularisierung ist es also grundsätzlich möglich, Ergebnisse von gleicher Qualität wie bei optimaler Diskretisierungsfeinheit zu erzielen. *Man beachte jedoch, dass in diesem Beispiel sowohl die Wahl der optimalen Diskretisierungsfeinheit als auch die Wahl des Parameters λ in Kenntnis der exakten Lösung u beziehungsweise der exakten Messwerte β erfolgten.* Ohne diese unrealistische Voraussetzung darf man nur schlechtere Rekonstrukte als die hier gezeigten erwarten, siehe Kap. 4.

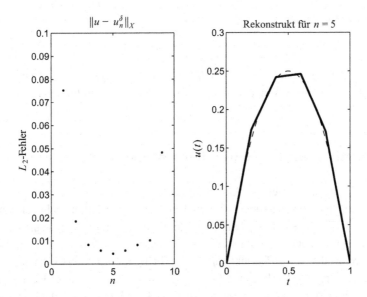

Abb. 3.4 Optimale Wahl der Diskretisierungsfeinheit

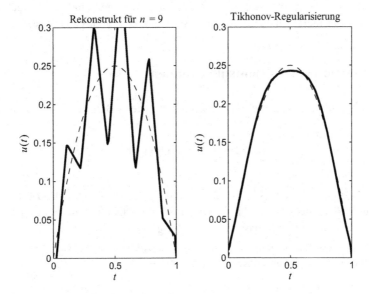

Abb. 3.5 Zu feine Diskretisierung und Regularisierung

Beispiel 3.17 (Anwendung auf Gravimetrie) Im Beispiel 1.3 tritt der Faltungskern

$$k : \mathbb{R} \to \mathbb{R}, \quad t \mapsto k(t) = \frac{h}{(t^2 + h^2)^{3/2}}$$

mit Fouriertransformierter

$$\hat{k}(v) = 4\pi|v| \cdot K_1(2\pi h|v|), \quad v \in \mathbb{R},$$

auf, wobei K_1 die Besselfunktion zweiter Art K_n zum Parameter $n = 1$ ist. Die Voraussetzungen (3.40) sind beide erfüllt, auch hier würde die Fehlerquadratmethode konvergieren.

3.4 Diskretisierung bei Fourier-Rekonstruktionen

Nicht immer geht man mit einem Ansatz direkt in die Gleichung $Tu = w$, um diese in ein lineares Gleichungssystem überzuführen. Eine Faltungsgleichung beispielsweise kann man unter Benutzung des Faltungslemmas (1.26) besonders einfach im Raum der Fourier-transformierten formulieren, so wie dies schon in Beispiel 1.12 beschrieben wurde. Da mit dem Algorithmus der „Fast Fourier Transform" (FFT) ein besonders schneller Algorithmus für die Berechnung der diskreten Fourier-Transformation und ihrer Rücktransformation zur Verfügung steht, ist diese Vorgehensweise sehr effizient. Auch die Rekonstruktion von Dichteverteilungen in der Computertomographie lässt sich mittels Fouriertransformation beschleunigen. In diesem Abschnitt sind komplexwertige Funktionen zugelassen, da die Fouriertransformierte selbst reellwertiger Funktionen komplexwertig ist.

Fourier-Inversion von Faltungsgleichungen

Zu lösen sei bei bekanntem g die Faltungsgleichung wie in Beispiel 1.2:

$$w(t) = \int\limits_{-\infty}^{\infty} g(t - s)u(s)\,ds. \tag{3.42}$$

Vorausgesetzt wird $u, w, g \in H_0^1(-a, a)$ für ein $a > 0$, insbesondere also $u(t) = w(t) = g(t) = 0$ für $|t| \geq a$, siehe (1.20).[3] In (3.42) wird unterstellt, dass alle beteiligten Funktionen durch Nullwerte zu Funktionen in $H_0^1(\mathbb{R})$ fortgesetzt wurden, so dass ihre jeweiligen Fouriertransformierten $\hat{u}, \hat{w}$ und $\hat{g}$ existieren. Zur Approximation von u und w werden lineare Splines mit äquidistanten Knoten benutzt. Seien

$$\ell \in \mathbb{N}, \quad n = 2\ell, \quad h := 2a/n \quad \text{und} \quad t_j := jh, \quad -\frac{n}{2} \leq j < \frac{n}{2}.$$

Für die linearen B-Splines zu den Knoten t_j gilt

$$N_{j,2}(t) = B_2(t/h - j), \quad -\frac{n}{2} \leq j < \frac{n}{2}, \quad t \in \mathbb{R},$$

---

[3] Damit der Träger von w ganz in $(-a, a)$ enthalten ist, muss natürlich der von u und g entsprechend beschränkt sein.

mit der linearen Splinefunktion

$$B_2 : \mathbb{R} \to \mathbb{R}, \quad t \mapsto \begin{cases} 1 + t, & -1 \leq t \leq 0 \\ 1 - t, & 0 < t \leq 1 \\ 0, & \text{sonst} \end{cases} . \tag{3.43}$$

Damit gilt auch

$$X_h := S_2(t_{-n/2}, \ldots, t_{n/2-1}) = \left\{ \sum_{j=-n/2}^{n/2-1} \alpha_j B_2(\bullet/h - j); \; \alpha_j \in \mathbb{C} \right\}. \tag{3.44}$$

Von w seien Messwerte $w(t_j)$, $j = -n/2, \ldots, n/2 - 1$, bekannt, so dass sich folgende Näherung anbietet

$$w_n(t) := \sum_{j=-n/2}^{n/2-1} \beta_j B_2(t/h - j), \quad \beta_j := w(t_j), \tag{3.45}$$

deren Fouriertransformierte exakt berechnet werden kann:

$$w_n(t) = \sum_{j=-n/2}^{n/2-1} \beta_j B_2(t/h - j) \circ\!\!-\!\!\bullet \; \hat{w}_n(\nu) = \left(\frac{\sin(\pi h \nu)}{\pi h \nu} \right)^2 \cdot \left(h \sum_{j=-n/2}^{n/2-1} \beta_j e^{-2\pi i j h \nu} \right).$$

Speziell erhält man folgende Werte der Fouriertransformierten

$$\hat{w}_n \left(\frac{k}{2a} \right) = 2a \cdot \underbrace{\left(\frac{\sin(\pi k/n)}{\pi k/n} \right)^2}_{=: \, \tau_k} \cdot \underbrace{\left(\frac{1}{n} \sum_{j=-n/2}^{n/2-1} \beta_j e^{-2\pi i j k/n} \right)}_{=: \, B_k}, \quad k \in \mathbb{Z}. \tag{3.46}$$

Die sogenannten **Abminderungsfaktoren** τ_k sind datenunabhängig und können ein für alle Mal berechnet werden, die diskreten Fourierkoeffizienten B_k sind periodisch mit $B_{k+\ell \cdot n} = B_k$ für alle $\ell \in \mathbb{Z}$ und es besteht der Zusammenhang

$$B_k = \frac{1}{n} \sum_{j=-n/2}^{n/2-1} \beta_j e^{-2\pi i j k/n}, \quad k = -\frac{n}{2}, \ldots, \frac{n}{2} - 1,$$

$$\iff \quad \beta_j = \sum_{k=-n/2}^{n/2-1} B_k e^{2\pi i j k/n}, \quad j = -\frac{n}{2}, \ldots, \frac{n}{2} - 1. \tag{3.47}$$

Die Berechnung aller Werte B_k aus den Werten β_j heißt **diskrete Fouriertransformation (DFT)** und die Berechnung aller Werte β_j aus den Werten B_k heißt **inverse diskrete**

Fouriertransformation (IDFT). Eine effiziente Berechnung von DFT und IDFT, welche jeweils nur $\mathcal{O}(n \log(n))$ arithmetische Operationen erfordert, ermöglicht der bekannte Algorithmus der schnellen Fouriertransformation (FFT), siehe [28], S. 504 ff. In MAT-LAB ([22]) wird eine Implementierung der FFT als Funktion `fft` zur Verfügung gestellt. Für eine Näherung u_n der unbekannten Funktion u wird ein zu (3.45) analoger Ansatz gemacht:

$$u_n(t) = \sum_{j=-n/2}^{n/2-1} \alpha_j \, B_2(t/h - j) \tag{3.48}$$

mit nunmehr allerdings unbekannten Koeffizienten $\alpha_j \in \mathbb{C}$. Formal kann wiederum die Fouriertransformierte berechnet werden und man erhält wie in (3.46):

$$\hat{u}_n\left(\frac{k}{2a}\right) = 2a \cdot \tau_k \cdot \underbrace{\left(\frac{1}{n} \sum_{j=-n/2}^{n/2-1} \alpha_j e^{-2\pi i j k/n}\right)}_{=:\, A_k}, \quad k = -\frac{n}{2}, \ldots, \frac{n}{2} - 1, \tag{3.49}$$

Eine Berechnung der unbekannten Koeffizienten α_j und damit eine näherungsweise Rekonstruktion des unbekannten u_n ist also mit folgendem Algorithmus möglich:

Näherungsweise Inversion der Faltungsgleichung

- Mittels einer DFT berechne man die Faktoren B_k der Fouriertransformierten $\hat{w}_n(k/2a) = 2a \cdot \tau_k \cdot B_k$ aus den Messwerten $\beta_j = w(t_j)$.
- Man berechne für $k = -n/2, \ldots, n/2 - 1$:

$$A_k := \frac{B_k}{\hat{g}(k/2a)} = \frac{\hat{w}_n(k/2a)}{2a\tau_k\hat{g}(k/2a)} \quad \Longleftrightarrow \quad \hat{u}_n(k/2a) = \frac{\hat{w}_n(k/2a)}{\hat{g}(k/2a)} \tag{3.50}$$

- Man berechne die Werte α_j aus den Werten A_k mittels einer inversen DFT.

Voraussetzung für den Einsatz der effizienten FFT ist die Äquidistanz der Knoten t_j. Diese kann beim Ansatz der unbekannten Funktion u_n ohne weiteres angenommen werden. Das Vorliegen von Messwerten $w(t_j)$ gerade an den richtigen Stellen t_j wäre jedoch ein Glücksfall. Das später folgende Beispiel der Radon-Transformation zeigt eine Möglichkeit auf, wie man sich behelfen kann, wenn man ein solches Glück nicht hat.

Es fragt sich natürlich, ob die geschilderte Rekonstruktion ein konvergenter Prozess ist. Tatsächlich kann man zeigen, dass

$$\|u - u_n\|_{L_2(-a,a)} \to 0 \quad \text{für} \quad n \to \infty, \tag{3.51}$$

sofern gewisse Glattheitsbedingungen an u und w erfüllt sind. Die technischen Details hierzu finden sich in den Beweisen der beiden folgenden Lemmata. Deren erstes gibt

Auskunft darüber, wie gut u durch einen Approximanten $u_n \in X_h$ rekonstruiert werden kann, wenn die Werte $\hat{u}(k/2a)$, $k = -n/2, \ldots, n/2 - 1$, der Fouriertransformierten *exakt* bekannt sind.

Lemma 3.18 (Rekonstruktion durch Fourier-Interpolation) *Es seien $a > 0$, $0 < \varepsilon < a$, $I = (-a, a)$ und $I_\varepsilon = (-a + \varepsilon, a - \varepsilon)$. Es sei $u \in H_0^1(I_\varepsilon)$ mit $u(t) \circ\!\!-\!\!\bullet \hat{u}(v)$. Es sei $h = 2a/n$, $n \geq 2$, mit $0 < h < \varepsilon$. Ein Approximant u_n von u werde in der Form*

$$u_n(t) = \sum_{j=-n/2}^{n/2-1} \alpha_j B_2(t/h - j)$$

angesetzt, wobei die Werte α_j, $j = -n/2, \ldots, n/2 - 1$, mittels IDFT aus

$$A_k := \frac{\hat{u}\left(\frac{k}{2a}\right)}{2a \cdot \tau_k}, \quad k = -\frac{n}{2}, \ldots, \frac{n}{2} - 1.$$

berechnet werden. Dann gilt mit einer Konstanten $C > 0$

$$\|u - u_n\|_{L_2(I_\varepsilon)} \leq C h \|u\|_{H^1(I)}. \tag{3.52}$$

Beweis Der Übersichtlichkeit halber wird der Beweis nur für den Spezialfall $a = 1/2$ geführt – ansonsten müsste an vielen Stellen ein Faktor $2a$ explizit mitgeführt werden. Ausgangspunkt ist die verallgemeinerte **Poissonsche Summationsformel**

$$\sum_{\ell \in \mathbb{Z}} u(t - \ell) = \sum_{k \in \mathbb{Z}} \hat{u}(k) e^{+2\pi i k t}, \quad t \in \mathbb{R}, \tag{3.53}$$

welche sich ihrerseits ergibt, wenn man die periodische Funktion $\sum_{\ell \in \mathbb{Z}} u(t - \ell)$ in eine Fourierreihe entwickelt. Anwendung von (3.53) auf $u - u_n$ zeigt:

$$u(t) - u_n(t) = \sum_{k \in \mathbb{Z}} (\hat{u}(k) - \hat{u}_n(k)) e^{2\pi i k t} - \sum_{\ell \neq 0} (u(t - \ell) - u_n(t - \ell)). \tag{3.54}$$

Für $t \in I_\varepsilon$ verschwindet die zweite Summe rechts in (3.54) und folglich ist

$$\|u - u_n\|_{L_2(I_\varepsilon)} \leq \left\| \sum_{k \in \mathbb{Z}} (\hat{u}(k) - \hat{u}_n(k)) e^{2\pi i k t} \right\|_{L_2(I_\varepsilon)}$$

$$\leq \left\| \sum_{k \in \mathbb{Z}} (\hat{u}(k) - \hat{u}_n(k)) e^{2\pi i k t} \right\|_{L_2(I)}.$$

Berücksichtigt man die Orthonormalität der Funktionen $t \mapsto e^{2\pi i k t}$ bezüglich des Skalarprodukts $\langle \bullet | \bullet \rangle_{L_2(I)}$ sowie die per Konstruktion gegebenen Identitäten $\hat{u}(k) = \hat{u}_n(k)$ für

$k = -n/2, \ldots, n/2 - 1$, dann erhält man

$$\|u - u_n\|^2_{L_2(I_\varepsilon)} \leq \sum_{|k| \geq n/2} |\hat{u}(k)|^2 + \sum_{|k| \geq n/2} |\hat{u}_n(k)|^2. \tag{3.55}$$

Bekanntlich gilt für $u \in H^1_0(I)$ mit $u(t) \multimap \hat{u}(\nu)$

$$u'(t) \multimap 2\pi i \nu \hat{u}(\nu)$$

(Nachweis mit partieller Integration). Zusammen mit (3.53) und der Orthonormalität der Funktionen $t \mapsto e^{2\pi i k t}$ bezüglich des Skalarprodukts $\langle \bullet | \bullet \rangle_{L_2(I)}$ folgt

$$\|u\|^2_{H^1(I)} = \|u\|^2_{L_2(I)} + \|u'\|^2_{L_2(I)} = \sum_{k \in \mathbb{Z}} \left(1 + 4\pi^2 |k|^2\right) |\hat{u}(k)|^2. \tag{3.56}$$

Damit lässt sich die erste Summe auf der rechten Seite von (3.55) abschätzen:

$$\sum_{|k| \geq n/2} |\hat{u}(k)|^2 \leq \sup_{|k| \geq n/2} \left\{ \left(1 + 4\pi^2 |k|^2\right)^{-1} \right\} \cdot \sum_{|k| \geq n/2} \left(1 + 4\pi^2 |k|^2\right) |\hat{u}(k)|^2$$

$$\leq h^2 \cdot \sum_{k \in \mathbb{Z}} (1 + 4\pi^2 |k|^2) |\hat{u}(k)|^2 = h^2 \|u\|^2_{H^1(I)}.$$

Bezüglich der zweiten Summe in (3.55) wird die Periodizität $A_{k+\ell n} = A_k$ für alle $k = -n/2, \ldots, n/2 - 1$ und $\ell \in \mathbb{Z}$ benutzt. Außerdem gilt für $k \neq 0$

$$\tau_{k+\ell n} = \left(\frac{\sin(\pi k/n + \pi \ell)}{\pi k/n + \pi \ell} \right)^2 = \left(\frac{\sin(\pi k/n)}{\pi k/n + \pi \ell} \right)^2 = \tau_k \cdot \left(\frac{1}{1 + \ell n/k} \right)^2,$$

und $\tau_0 = 1$, $\tau_{\ell n} = 0$ für $\ell \neq 0$. Daraus, zunächst wie bei der Abschätzung von $\sum |\hat{u}(k)|^2$ und unter Berücksichtigung von $\hat{u}_n(k) = A_k \tau_k = 0$ für $k = \ell n$, $\ell \neq 0$:

$$\sum_{|k| \geq n/2} |\hat{u}_n(k)|^2 \leq h^2 \sum_{|k| \geq n/2} (1 + 4\pi^2 |k|^2) |\hat{u}_n(k)|^2$$

$$\leq h^2 \sum_{\ell \in \mathbb{Z}} \sum_{k \neq 0, k = -n/2}^{n/2-1} (1 + 4\pi^2 |k + \ell n|^2) |A_{k+\ell n} \tau_{k+\ell n}|^2$$

$$\leq h^2 \sum_{\ell \in \mathbb{Z}} \sum_{k \neq 0, k = -n/2}^{n/2-1} \frac{(1 + 4\pi^2 |k|^2)|1 + \ell n/k|^2}{|1 + \ell n/k|^2} |A_k \tau_k|^2 \frac{1}{|1 + \ell n/k|^2}$$

$$\leq h^2 \left(\sum_{k = -n/2}^{n/2-1} (1 + 4\pi^2 |k|^2) |\hat{u}(k)|^2 \right) \cdot \left(\sum_{\ell \in \mathbb{Z}} \frac{1}{(1 + 2\ell)^2} \right)$$

$$\leq C h^2 \|u\|^2_{H^1(I)}.$$

$\square$

Lemma 3.19 (Fehler in Werten der Fouriertransformierten) *Es seien $a > 0$, $I = (-a, a)$ und $h = 2a/n$, $n \geq 2$. Es sei $w \in H_0^2(I)$ mit $w(t) \circ\!\!-\!\!\bullet \hat{w}(v)$. Ein Approximant w_n von w werde wie in (3.45) und Werte $\hat{w}_n(k/2a)$ werden wie in (3.46) berechnet. Dann gilt mit einer Konstanten $C > 0$*

$$\left| \hat{w}\left(\frac{k}{2a}\right) - \hat{w}_n\left(\frac{k}{2a}\right) \right| \leq C h \|w\|_{H^2(I)}. \tag{3.57}$$

Beweis In der folgenden ersten Ungleichung wird ein einfacher Spezialfall des Einbettungssatzes von Sobolev (siehe Lemma A.1 in [20]) benutzt. Mit C wird generisch „eine Konstante" bezeichnet. Es ist dies nicht immer die gleiche Konstante.

$$\|\hat{w} - \hat{w}_n\|_{C[-a,a]} \leq C \|\hat{w} - \hat{w}_n\|_{H^1(I)} \overset{(1.24)}{=} C \|w - w_n\|_{H^1(I)} \leq C h \|w\|_{H^2(I)}$$

Die letzte Ungleichung muss noch bewiesen werden. Nach Satz 3.3 ist klar, dass $\|w - w_n\|_{L_2(I)} \leq C h \|w\|_{H^1(I)} \leq C h \|w\|_{H^2(I)}$. Es genügt, $\|w' - w_n'\|_{L_2(I)} \leq C h \|w''\|_{L_2(I)}$ zu zeigen. Mit $f_i := f(t_i)$ und $f_{i+1} := f(t_{i+1})$ gilt für $t \in [t_i, t_{i+1}]$, dass

$$w'(t) - w_n'(t) = w'(t) - \frac{f_{i+1} - f_i}{t_{i+1} - t_i}$$

und nach dem Mittelwertsatz der Differentialrechnung gibt es ein $\xi \in (t_i, t_{i+1})$ so, dass $w'(\xi) = (f_{i+1} - f_i)/(t_{i+1} - t_i)$. Also ist

$$w'(t) - w_n'(t) = \int_\xi^t w''(s) \, ds \, .$$

Dann wird wie beim Beweis von Satz 3.3 ab (3.8) argumentiert. □

Bei der Konstruktion von u_n summieren sich die in den Lemmata abgeschätzten Fehler, wobei die Fehler der Approximation von $\hat{w}(k/2a)$ allerdings um (eventuell unerträglich große) Faktoren $1/\hat{g}(k/2a)$ verstärkt werden. Eine verbessertes Rekonstruktionsverfahren wird in Abschn. 4.4 vorgeschlagen.

Fourier-Inversion der Radontransformation

Alle Bezeichnungen und Voraussetzungen von Beispiel 1.4 werden übernommen. Gesucht ist eine bivariate Funktion $f : \mathbb{R}^2 \to \mathbb{R}$ mit $\text{supp}(f) \subseteq \{x \in \mathbb{R}^2; \|x\|_2 \leq 1\}$, von der überdies stückweise Stetigkeit vorausgesetzt wird.[4] Für solche Funktionen existiert die

---

[4] Das bedeutet Stetigkeit bis auf eventuell vorhandene Sprünge längs eindimensionaler Kurven. Bei Annäherung an Sprungstellen aus beliebigen Richtungen müssen Funktionsgrenzwerte existieren.

Fouriertransformierte

$$\hat{f}(v_1, v_2) := \int\limits_{-\infty}^{\infty} \int\limits_{-\infty}^{\infty} f(x_1, x_2) e^{-2\pi i v_1 x_1} e^{-2\pi i v_2 x_2} \, dx_1 dx_2, \quad (v_1, v_2) \in \mathbb{R}^2. \quad (3.58)$$

Außerdem gilt dann im Sinn einer Identität von L_2-Funktionen die Inversionsformel

$$f(x_1, x_2) = \int\limits_{-\infty}^{\infty} \int\limits_{-\infty}^{\infty} \hat{f}(v_1, v_2) e^{+2\pi i v_1 x_1} e^{+2\pi i v_2 x_2} \, dv_1 dv_2, \quad (x_1, x_2) \in \mathbb{R}^2. \quad (3.59)$$

Grundlage der Fourier-Inversion ist der folgende

Satz 3.20 (Projektionssatz der Computertomographie) *Es sei* $f : \mathbb{R}^2 \to \mathbb{R}$ *stückweise stetig mit* $\mathrm{supp}(f) \subseteq D = \{x \in \mathbb{R}^2;\ \|x\|_2 < 1\}$ *und Radontransformierter*

$$Rf : [0, \pi) \times (-1, 1) \to \mathbb{R}, \quad (\varphi, s) \mapsto Rf(\varphi, s) = R_\varphi f(s) = \int\limits_{-\infty}^{\infty} f(s\theta + t\theta^\perp) \, dt,$$

mit den Bezeichnungen wie in Beispiel 1.4. Dann gilt

$$\widehat{R_\varphi f}(\sigma) = \hat{f}(\sigma\theta), \quad (3.60)$$

wobei links der Wert der eindimensionalen Fouriertransformierten von $R_\varphi f$ *an der Stelle* σ *steht und rechts der Wert der zweidimensionalen Fouriertransformierten von* f *an der Stelle* $\sigma\theta$.

   Den einfachen Beweis dieses Satzes findet man in [26], S. 11. Kennt man die Radontransformierte Rf von f, dann zeigt (3.60) einen direkten Weg zur Berechnung von $\hat{f}$ und damit von f mittels der Inversionsformel (3.59) auf. Schwierigkeit entstehen allerdings bei der Diskretisierung von (3.60). Von Rf sind lediglich endlich viele Abtastwerte bekannt, die durch die technischen Gegebenheiten des Tomographen bestimmt sind. Im Folgenden wird unterstellt, dass

$$Rf(\varphi_j, s_l), \quad \varphi_j = \frac{j}{p}, \ j = 0, \ldots, p - 1, \quad s_l = \frac{l}{2q}, \ l = -q, \ldots, q - 1, \quad (3.61)$$

bekannt seien mit natürlichen Zahlen $p, q \in \mathbb{N}$, welche

$$p \approx \pi q \quad (3.62)$$

erfüllen. Die Annahme (3.61) trifft für die sogenannte „parallel scanning geometry" zu, das heißt pro Winkel φ_j werden $2q$ parallele Röntgenstrahlen durch das zu untersuchende

Objekt gesendet, wie in Abb. 1.4 gezeigt. Heutige Scanner operieren zwar auf andere Weise, die von ihnen erhobenen Messwerte von Rf lassen sich aber mittels einer „rebinning" genannten Methode (näherungsweise) so umrechnen, als lägen sie in der Form (3.61) vor. Die Annahme (3.62) lässt sich über das Abtasttheorem von Shannon motivieren, siehe etwa [26], S. 74.

Ein Approximant f^* der gesuchten Funktion f wird angesetzt als

$$f^*(x) = \sum_{\alpha \in W} c_\alpha \Phi(x/h - \alpha), \quad x \in \mathbb{R}^2. \tag{3.63}$$

Hierbei sind

$$h := \frac{1}{q}, \quad W := \{\alpha = (\alpha_1, \alpha_2) \in \mathbb{Z}^2; \ -q \le \alpha_j < q, j = 1, 2\} \tag{3.64}$$

und Φ eine bilineare B-Spline, gegeben durch

$$\Phi(x) := B_2(x_1) \cdot B_2(x_2), \quad x = (x_1, x_2) \in \mathbb{R}^2, \tag{3.65}$$

mit der linearen B-Spline B_2 aus (3.43). Die zweidimensionale Fouriertransformierte von f^* lässt sich exakt berechnen als

$$\hat{f}^*(y) = h^2 \left(\frac{\sin(\pi h y_1)}{\pi h y_1} \right)^2 \left(\frac{\sin(\pi h y_2)}{\pi h y_2} \right)^2 \cdot \sum_{\alpha \in W} c_\alpha e^{-2\pi i h (y_1 \alpha_1 + y_2 \alpha_2)}. \tag{3.66}$$

Insbesondere gilt für $y = \beta/2$, $\beta \in W$:

$$\hat{f}^* \left(\frac{\beta}{2} \right) = \sigma_\beta \cdot \underbrace{\left(\frac{1}{2q} \right)^2 \sum_{\alpha \in W} c_\alpha e^{-2\pi i (\alpha_1 \beta_1 + \alpha_2 \beta_2)/(2q)}}_{=: \hat{c}_\beta} \tag{3.67}$$

mit datenunabhängigen Abminderungsfaktoren

$$\sigma_\beta := 4 \cdot \left(\frac{\sin(\pi \beta_1/(2q))}{\pi \beta_1/(2q)} \right)^2 \cdot \left(\frac{\sin(\pi \beta_2/(2q))}{\pi \beta_2/(2q)} \right)^2.$$

Die Berechnung der Werte $\hat{c}_\beta$ aus den Werten c_α heißt (zweidimensionale) diskrete Fouriertransformation. Die Umkehrung

$$c_\alpha = \sum_{\beta \in W} \hat{c}_\beta e^{+2\pi i (\alpha_1 \beta_1 + \alpha_2 \beta_2)/(2q)} \tag{3.68}$$

heißt (zweidimensionale) inverse diskrete Fouriertransformation. Beide Berechnungen sind mit einer zweidimensionalen FFT in $\mathcal{O}(q^2 \log(q))$ Operationen effizient möglich, siehe etwa [28], S. 521 ff. Bei Kenntnis von $\hat{f}(\beta/2)$, $\beta \in W$, wäre also die Berechnung

$$\text{zuerst von } \hat{c}_\beta := \frac{\hat{f}(\beta/2)}{\sigma_\beta}, \beta \in W, \quad \text{dann von } c_\alpha, \alpha \in W,$$

mittels einer zweidimensionalen FFT effizient möglich. Natürlich kann man sich mittels der diskreten Werte (3.61) nur *Näherungen* von $\hat{f}(\beta/2)$ verschaffen. Benutzt werden

$$g_j(s) := \sum_{\ell=-q}^{q-1} \left[Rf(\varphi_j, s_\ell) \right] \cdot B_2(s/h - \ell), \quad j = 0, \ldots, p-1, \tag{3.69}$$

als lineare Splineinterpolanten der Funktionen $Rf(\varphi_j, \bullet)$, $j = 0, \ldots, p-1$, die sich allein aus den Werten (3.61) von Rf berechnen lassen. Die Fouriertransformierten der Funktionen g_j können exakt berechnet werden, wie schon im Paragraphen über die Fourier-Inversion von Faltungsgleichungen gesehen. Man erhält

$$\hat{g}_j(\sigma) = h \cdot \left(\frac{\sin(\pi h \sigma)}{\pi h \sigma} \right)^2 \cdot \sum_{\ell=-q}^{q-1} \left[Rf(\varphi_j, s_\ell) \right] e^{-2\pi i h \ell \sigma}, \quad j = 0, \ldots, p-1. \tag{3.70}$$

Gemäß der Idee von Pasciak [27] definiert man die Größen

$$c(j) := \frac{1}{\max\{|\sin \varphi_j|, |\cos \varphi_j|\}}, \quad j = 0, \ldots, p-1, \tag{3.71}$$

und erhält damit Näherungswerte

$$\hat{g}_j(rc(j)/2) = \tau_{j,r} \cdot \frac{1}{2q} \sum_{\ell=-q}^{q-1} \left[Rf(\varphi_j, s_\ell) \right] e^{-2\pi i \ell r c(j)/(2q)}, \quad r = -q, \ldots, q-1, \tag{3.72}$$

von $\widehat{R_{\varphi_j}}$ mit

$$\tau_{j,r} := 2 \left(\frac{\sin(\pi r c(j)/(2q))}{\pi r c(j)/(2q)} \right)^2, \quad r = -q, \ldots, q-1, \quad j = 0, \ldots, p-1.$$

Die mittels (3.72) berechneten Näherungswerte der Fouriertransformierten sind in Abb. 3.6, in der ein durch 4 teilbarer Wert für p unterstellt wird, als schwarze Kreisscheiben markiert. Sie liegen auf den gestrichelt markierten horizontalen oder vertikalen Gitterlinien. Die Berechnung von (3.72) ist nicht mehr direkt mit der FFT möglich, jedoch mit einem darauf fußenden, dem **chirp-z-Algorithmus**. Dieser Algorithmus, der zur

Abb. 3.6 Positionen, an denen
die Fouriertransformierte $\hat{f}$
mittels (3.72) berechnet wird

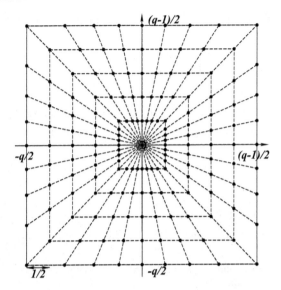

Berechnung aller Werte $\hat{g}_j(rc(j)/2)$, $r = -q, \ldots, q - 1$ bei festem j einen Aufwand
von $\mathcal{O}(q\log(q))$ Operationen erfordert, wegen (3.62) also einen Gesamtaufwand von
$\mathcal{O}(q^2\log(q))$ zur Berechnung aller Werte $\hat{g}_j(rc(j)/2)$, ist beispielsweise in [26], S. 212,
beschrieben.

Es verbleibt noch, aus den Werten $\hat{g}_j(rc(j)/2)$ Näherungen für die Werte der Fouriertransformierten $\hat{f}$ auf dem kartesischen Gitter $\{\beta/2;\ \beta \in W\}$ zu berechnen. Wie schon
aus Abb. 3.6 hervorgeht, kann dies durch eindimensionale Interpolation längs horizontaler beziehungsweise vertikaler Linien geschehen, etwa durch kubische Splineinterpolation
mit geschätzten Randableitungen, siehe Abschn. 3.1. Die Verwendung kubischer anstatt
linearer Interpolation erhöht die Approximationsgüte – dies ist sinnvoll, da die Funktionen g_j und damit auch $\hat{g}_j$ glatter sind als das eventuell unstetige f und da die Abtastwerte
$\hat{g}_j(rc(j)/2)$ auch bei wachsendem n nicht enger zusammenrücken, sondern einen gleich-
bleibenden (großen) Abstand voneinander haben. Zusätzlich besteht eine Möglichkeit, die
Abtastung der Fouriertransformierten $\hat{g}_j$ gegenüber (3.72) zu verbessern. Man erhöht dazu
die Anzahl der Messwerte von g_j künstlich um einen Faktor $N \in \mathbb{N}$ und setzt

$$g_j(s_l) := \begin{cases} R_{\varphi_j} f(s_l), & l = -q, \ldots, q - 1 \\ 0, & l = -Nq, \ldots, -q - 1, q, \ldots, Nq - 1 \end{cases} \tag{3.73}$$

Unter der Annahme $\mathrm{supp}(f) \subseteq D = \{x \in \mathbb{R}^2;\ \|x\|_2 < 1\}$ handelt es sich bei dieser
Ergänzung um *exakte* Messwerte von Rf, welche allerdings keine tatsächliche Messung
erfordern. Der Ansatz (3.69) ist nun entsprechend zu ergänzen um die formale Summation

von Nullwerten. Statt (3.72) bekommt man dann

$$\hat{g}_j \left(\frac{rc(j)}{2N} \right) = \frac{\tau_{j,r}}{2qN} \sum_{\ell=-qN}^{qN-1} \left[Rf(\varphi_j, s_\ell) \right] e^{-2\pi i \ell rc(j)/(2qN)}, \quad r = -qN, \ldots, qN - 1,$$

(3.74)

also die Fouriertransformierte in verbesserter Auflösung. Ein Algorithmus zur Berechnung einer Näherung des gesuchten f lautet dann mit

$$W_N := \{\beta = (\beta_1, \beta_2) \in \mathbb{Z}^2; \ -qN \le \beta_i < qN, \ i = 1, 2\} :$$

Fourier-Inversion der Radontransformation

Gegeben seien die Werte (3.61) der Radontransformierten Rf von f

- Man ergänze die Messwerte $g_j(s_l)$ der Radontransformierten Rf um Nullwerte wie in (3.73)
- Man berechne die Werte $\hat{g}_j(rc(j)/(2N))$ aus (3.74) mittels des chirp-z-Algorithmus.
- Man berechne Näherungen $\hat{f}_\beta \approx \hat{f}(\beta/(2N))$, $\beta \in W_N$, durch kubische Splineinterpolation (mit Schätzung von Randableitungen) längs vertikaler beziehungsweise horizontaler Linien, wie in Abb. 3.6 dargestellt.
- Man definiere $\hat{c}_\beta := \hat{f}_\beta/\sigma_\beta$, $\beta \in W_N$, und berechne daraus mit einer zweidimensionalen FFT wie in (3.68) die Koeffizienten c_α, $\alpha \in W_N$, von denen nur c_α, $\alpha \in W$, für f^* aus (3.63) verwendet werden.

Die Ergänzung (3.73) von Messwerten erhöht den arithmetischen Gesamtaufwand der Fourier-Rekonstruktion um ungefähr den Faktor N^2 auf $\mathcal{O}(N^2 q^2 \log(qN))$. Wählt man etwa $N = 4$, dann verbleibt immer noch ein Vorteil gegenüber konkurrierenden Algorithmen wie etwa dem der sogenannten „gefilterten Rückprojektion", welche (im Fall $p \approx \pi q$) einen arithmetischen Aufwand von $\mathcal{O}(q^3)$ Operationen erfordern.

Regularisierung linearer inverser Probleme

4

Diskretisierung durch Projektionsverfahren überführt ein schlecht gestelltes lineares inverses Problem $Tu = w$ näherungsweise in ein lineares Gleichungssystem $A\alpha = \beta$, dessen Minimum-Norm-Lösung $\hat{\alpha} = A^+\beta$ umso schlechter konditioniert ist, je feiner diskretisiert wird. Sind nur ungenaue Daten β^δ mit $\|\beta - \beta^\delta\|_2 \leq \delta$ bekannt, dann führt eine schlechte Kondition zu einem unbrauchbaren Resultat $\hat{\alpha}^\delta = A^+\beta^\delta$. Regularisierung ist die Idee, von der dann sinnlosen Lösung des Systems $A\alpha = \beta^\delta$ abzusehen und stattdessen nach einer am besten geeigneten Ersatzlösung in der Menge aller Vektoren α mit $\|A\alpha - \beta^\delta\|_2 \leq \delta$ zu suchen. Damit dies gelingt und überhaupt beurteilt werden kann, was die am besten geeignete Ersatzlösung ist, werden Zusatzinformationen über die Lösung des inversen Problems benötigt.

4.1 Regularisierungsverfahren

Allgemein versteht man unter Regularisierung eine Approximation von (unstetigen) Operatoren im folgenden Sinn.

Definition 4.1 (Regularisierung) *Es seien $(X, \| \bullet \|_X)$ und $(Y, \| \bullet \|_Y)$ normierte Räume und $T : X \to \mathbb{W} \subseteq Y$ sei linear und bijektiv. Eine Familie $(R_\rho)_{\rho>0}$ stetiger Operatoren $R_\rho : Y \to X$, $n \in \mathbb{N}$, heißt Regularisierung, wenn*

$$\|R_\rho(Tx) - x\|_X \xrightarrow{\rho\to0} 0 \quad \text{für alle} \quad x \in X. \tag{4.1}$$

*Sind alle R_ρ linear, dann heißt $(R_\rho)_{\rho>0}$ **lineare Regularisierung**.*

Man spricht von einer Familie von Operatoren und nicht von einer Folge, weil als Indizes positive reelle Zahlen ρ und nicht natürliche Zahlen $n \in \mathbb{N}$ benutzt werden. Die Operatoren R_ρ haben zwei wichtige Eigenschaften:

© Springer-Verlag Berlin Heidelberg 2015

M. Richter, *Inverse Probleme*, Mathematik im Fokus, DOI 10.1007/978-3-662-45811-2_4

1. Sie sind auf ganz Y definiert und lassen sich damit auch auf gestörte Wirkungen $w^\delta \in Y$ anwenden, die nicht im Wertebereich $\mathbb{W}$ von T liegen.
2. Sie sind *stetig* und konvergieren punktweise auf $\mathbb{W}$ gegen den (bei schlecht gestellten Problemen unstetigen) Operator T^{-1}.

Die Indizierung mit $\rho > 0$ ist reine Konvention. Wenn alle Voraussetzungen von Satz 3.12 erfüllt sind, dann ist ein durch (3.28) gegebenes, *konvergentes* Projektionsverfahren ein Regularisierungsverfahren – man braucht nur $\rho = 1/k$ zu setzen.

In Definition 4.1 werden noch keine Störungen von w berücksichtigt. Wenn $Tu = w$ und $\|w - w^\delta\|_Y \le \delta$, dann ist für eine lineare Regularisierung $(R_\rho)_{\rho>0}$ wie in Definition 4.1

$$\|R_\rho w^\delta - u\|_X \le \|R_\rho\|\delta + \|R_\rho Tu - u\|_X, \tag{4.2}$$

was genau der Abschätzung (3.36) für Projektionsverfahren entspricht. Für eine Regularisierung gilt zwar $\|R_\rho Tu - u\|_X \xrightarrow{\rho \to 0} 0$, gleichzeitig aber ist $\|R_\rho\| \xrightarrow{\rho \to 0} \infty$, wenn T^{-1} unstetig ist. Der Gesamtfehler kann also nur dann gegen null konvergieren, wenn δ gegen null konvergiert.

Definition 4.2 (Konvergente Regularisierung) *Unter den Voraussetzungen der Definition 4.1 sei $(R_\rho)_{\rho>0}$ eine Regularisierung. Eine **Parameterwahl** ist eine Vorschrift $\rho = \rho(\delta, z)$, zu jedem $\delta > 0$ und zu jedem $z \in Y$ einen Parameter $\rho > 0$ zu wählen. Man nennt die Regularisierung **konvergent** bezüglich dieser Vorschrift, wenn für alle $w \in \mathbb{W}$*

$$\lim_{\delta \to 0} \sup\{\|R_{\rho(\delta,z)}(z) - u\|_X;\ z \in Y,\ \|z - w\|_Y \le \delta\} = 0, \tag{4.3}$$

*wobei $u = T^{-1}w$. Hängt $\rho = \rho(\delta)$ nicht explizit von den Daten z ab, sondern nur von der Fehlergröße δ, dann nennt man dies eine **Parameterwahl a priori**. Anderenfalls spricht man von einer **Parameterwahl a posteriori**.*

Konvergenz für lineare Regularisierungsverfahren bezüglich einer Parameterwahl a priori $\rho = \rho(\delta)$ ergibt sich insbesondere direkt aus (4.2), wenn die Bedingungen

$$\rho(\delta) \xrightarrow{\delta \to 0} 0 \quad \text{und} \quad \|R_{\rho(\delta)}\|\delta \xrightarrow{\delta \to 0} 0. \tag{4.4}$$

erfüllt sind. In der Praxis tritt die Betrachtung des Grenzübergangs $\delta \to 0$ in den Hintergrund, wenn nur *eine* beobachtete Wirkung $w^\delta \in Y$ mit $\|w - w^\delta\|_Y \le \delta$ für einen finiten Wert δ vorliegt. Dennoch haben Konvergenzbetrachtungen große theoretische Bedeutung, weil man unter gewissen Umständen, nämlich *bei Vorliegen zusätzlicher Information, aber ohne explizite Kenntnis von u*, die bestmögliche Konvergenzordnung eines Regularisierungsverfahrens feststellen, unterschiedliche Verfahren anhand dieses Kriteriums vergleichen und dadurch optimale Verfahren auszeichnen kann. Besagte Zusatzinformation hat formal die folgende Gestalt.

Voraussetzung 4.3 („Zusatzinformation")

Von der Lösung u des inversen Problems $T(u) = w$ sei zum einen bekannt, dass

$$u \in X_0 \quad \text{für einen Teilraum} \quad X_0 \subseteq X, \tag{4.5}$$

auf dem eine Norm $\| \bullet \|_0$ existiere, welche stärker ist als $\| \bullet \|_X$, das heißt

$$\|x\|_X \leq C \|x\|_0 \text{ für alle } x \in X_0 \text{ mit einer Konstanten } C > 0.$$

Zum anderen sei von u eine Schranke S bekannt, so dass

$$\|u\|_0 \leq S. \tag{4.6}$$

In Abschn. 4.2 wird hierzu das Beispiel 4.5 betrachtet. Eine ausgezeichnete Einführung in die Theorie optimaler Regularisierungsverfahren beim Vorliegen von Zusatzinformation der Bauart (4.5) und (4.6) findet man in [19]. Eine noch allgemeinere Theorie der Regularisierung in Hilberträumen wird in [21] entwickelt. Zusatzinformation über die Lösung eines inversen Problems wird dort über ein abstraktes Glattheitsmaß erfasst. Ein spezielles Resultat in dieser Richtung wird in Theorem 1.21 von [19] formuliert. Eine allgemeine Theorie der Regularisierung von Operatoren wird im Folgenden nicht geboten. Vielmehr wird vorausgesetzt, dass ein inverses Problem durch Anwendung einer Projektionsmethode diskretisiert und damit näherungsweise auf ein endlichdimensionales Gleichungssystem zurückgeführt wurde. Nur noch dieses Gleichungssystem wird jetzt betrachtet.[1] Die Situation wird für den linearen Fall, wie er im Kap. 3 untersucht wurde, noch einmal zusammengefasst.

Voraussetzung 4.4

Gegeben sei ein konvergentes Projektionsverfahren zur Lösung eines linearen inversen Problems $T(u) = w$. Alle Bezeichnungen und Voraussetzungen der Sätze 3.12 und 3.13 werden übernommen beziehungsweise sollen gelten. Insbesondere gilt für $\hat{\alpha} = A^+ \beta$, $\hat{\alpha}^\delta = A^+ \beta^\delta$, $u_k = \sum_{j=1}^{n_k} \hat{\alpha}_j x_j$ (hypothetisches Rekonstrukt zu exakten Messwerten) und $u_k^\delta = \sum_{j=1}^{n_k} \hat{\alpha}_j^\delta x_j$ (Rekonstrukt zu abweichenden Messwerten) unter der Voraussetzung $\|\beta^\delta - \beta\|_2 \leq \delta$ die Abschätzung (3.35)

$$\|u_k^\delta - u\|_X \leq \frac{a_{n_k}}{\sigma_{n_k}} \delta + \|u_k - u\|_X$$

(mit dem kleinsten Singulärwert σ_{n_k} von A) für den Fehler in der rekonstruierten Näherungslösung u_k^δ.

---

[1] Die in Abschn. 3.4 besprochenen alternativen Diskretisierungen verlangen nach speziellen Regularisierungen. Siehe hierzu Abschn. 4.4.

Wie gesehen, sind konvergente Projektionsmethoden formal Regularisierungen. Jedoch kann (bei zu feiner Diskretisierung) der minimale singuläre Wert σ_{n_k} von A so klein und damit der Verstärkungsfaktor a_{n_k}/σ_{n_k} des finiten Datenfehlers δ so groß sein, dass u_k^δ nur eine unbrauchbare Näherung für u ist. Da δ (vom Mathematiker) nicht beeinflusst werden kann und bei schlecht gestellten Problemen für *jedes* konvergente Projektionsverfahren σ_{n_k} gegen 0 geht, bleiben nur zwei Möglichkeiten:

- Die Wahl einer optimalen Diskretisierungsfeinheit, um den Fehler $\|u_k^\delta - u\|_X$ möglichst klein zu halten.
- Die (erneute !) Regularisierung des endlichdimensionalen Problems

$$\text{Minimiere } \|\beta^\delta - A\alpha\|_2 \text{ für } \alpha \in \mathbb{R}^{n_k} \tag{4.7}$$

mit dem Ziel, dieses durch ein besser konditioniertes Problem zu ersetzen.

Bei der zweiten Möglichkeit geht es um Folgendes.

Wenn nur ein β^δ mit $\|\beta - \beta^\delta\|_2 \leq \delta$ bekannt ist, dann ist es (nicht nur praktisch unmöglich, sondern auch) nicht sinnvoll, ein schlecht konditioniertes Problem (4.7) zu lösen. Vielmehr genügt es, ein α^δ mit $\|\beta^\delta - A\alpha^\delta\|_2 \leq \delta$ zu finden. Wenn andererseits Zusatzinformation über u wie in (4.5) und (4.6) in der Form $\|u\|_0 \leq S$ vorliegt, kann man auch von der zu berechnenden Näherungslösung $\|u_k^\delta\|_0 \leq S$ fordern. Somit bietet es sich an, die Minimierung von $\|\beta^\delta - A\alpha\|_2$ durch das folgende Optimierungsproblem mit Nebenbedingung zu ersetzen:

$$\text{Minimiere } \|\beta^\delta - A\alpha\|_2 \quad \text{unter der NB} \quad \left\|\sum_{j=1}^{n_k} \alpha_j x_j\right\|_0 \leq S. \tag{4.8}$$

Formal ist das eine Regularisierung von (4.7) im Sinn der Definition 4.1 mit Parameter $\rho = 1/S > 0$. Es besteht die Hoffnung, dass das Problem (4.8) besser konditioniert ist als (4.7) und dass eine Lösung α^δ von (4.8) auf eine bessere Näherung $u_k^\delta = \sum_{j=1}^{n_k} \alpha_j^\delta x_j$ des gesuchten $u \in X$ führt, als es die Näherung $\hat{u}_k = \sum_{j=1}^{n_k} \hat{\alpha}_j x_j$ mit der Lösung $\hat{\alpha}$ von (4.7) ist.

4.2   Tikhonov-Regularisierung

Unter der Voraussetzung 4.4 soll das Problem der Minimierung von $\|\beta^\delta - A\alpha\|_2$ durch ein Optimierungsproblem der Bauart (4.8) ersetzt werden. Als erstes Beispiel hierzu wird das „numerische Differenzieren" betrachtet.

Beispiel 4.5 (Numerisches Differenzieren mit Zusatzinformation) Gesucht sei die Ableitung $u = w'$ der stetig differenzierbaren Funktion $w \in C^1[a,b]$ mit $w(a) = 0$. Diese ist die Lösung des als Volterrasche Integralgleichung gegebenen inversen Problems $Tu = w$ mit

$$T : C[a,b] \to C^1[a,b], \quad u \mapsto Tu = w, \quad w(t) = \int_a^t u(s)\,ds, \quad a \le t \le b,$$

welches bekanntlich schlecht gestellt ist, wenn auf $C[a,b]$ und auf $C^1[a,b]$ die Norm $\|\bullet\|_{C[a,b]}$ gegeben ist. Nun liege folgende zusätzliche Information vor. Es sei $w \in H^2[a,b]$ mit $\|w''\|_{L_2(a,b)} \le S$ und es gelte $w(a) = 0 = w(b)$. Folglich ist $u \in H^1[a,b]$ mit $\|u'\|_{L_2(a,b)} \le S$. Weiterhin gibt es wegen $w(b) = \int_a^b u(t)\,dt = 0$ ein $t_0 \in [a,b]$ mit $u(t_0) = 0$. Für dieses t_0 ist nach dem Hauptsatz der Differential- und Integralrechnung und wegen der Ungleichung von Cauchy-Schwarz

$$|u(t)| = \left| u(t_0) + \int_{t_0}^t u'(s)\,ds \right| \le \int_a^b |u'(s)|\,ds \le \sqrt{b-a} \cdot \|u'\|_{L_2(a,b)}, \quad t \in [a,b].$$

Im normierten Raum $(X, \|\bullet\|_X)$ mit $X = C[a,b]$ und $\|\bullet\|_X = \|\bullet\|_{C[a,b]}$ ist

$$X_0 := \left\{ x \in H^1[a,b]; \int_a^b x(t)\,dt = 0 \right\}$$

als Teilraum enthalten. Auf X_0 kann die Norm

$$\|\bullet\|_0 : X_0 \to \mathbb{R}, \quad x \mapsto \|x\|_0 := \|x'\|_{L_2(a,b)},$$

definiert werden, welche nach vorangegangener Rechnung stärker ist als $\|\bullet\|_{C[a,b]}$. Die über u bekannte zusätzliche Information hat also genau die Form

$$u \in X_0 \quad \text{und} \quad \|u\|_0 = \|u'\|_{L_2(a,b)} \le S$$

wie in Voraussetzung 4.3.[2] Eine Näherung $u_k \in X_0$ kann im Raum linearer Splines angesetzt werden. Zur Abkürzung sei $n := n_k \in \mathbb{N}$ mit $n \ge 2$. Es seien weiterhin $h := (b-a)/(n-1)$ und $t_i := a + (i-1)h$, $i = 1, \ldots, n$. Für $u_k \in S_2(t_1, \ldots, t_n)$ gilt

$$u_k = \sum_{j=1}^n \alpha_j N_{j,2} \quad \implies \quad \|u_k'\|_{L_2(a,b)}^2 = \sum_{j=1}^{n-1} h \left(\frac{\alpha_{j+1} - \alpha_j}{h} \right)^2 = \frac{1}{h} \|L\alpha\|_2^2$$

---

[2] Die (künstliche) Normierungsbedingung $\int_a^b u(t)\,dt = 0$ wird später fallen gelassen und nur noch $\|u'\|_{L_2(a,b)} \le S$ gefordert, auch wenn es sich bei $u \mapsto \|u'\|_{L_2(a,b)}$ nicht mehr um eine Normabbildung auf $H^1(a,b)$ handelt, da $\|u'\|_{L_2(a,b)} = 0$ auch für $u \ne 0$ möglich ist.

mit der Matrix

$$
L = \begin{pmatrix}
-1 & 1 & 0 & 0 & 0 & 0 & 0 & \cdots & 0 \\
0 & -1 & 1 & 0 & 0 & 0 & 0 & \cdots & 0 \\
\vdots & & & & \ddots & & & & \vdots \\
0 & \cdots & 0 & 0 & 0 & 0 & -1 & 1 & 0 \\
0 & \cdots & 0 & 0 & 0 & 0 & 0 & -1 & 1
\end{pmatrix} \in \mathbb{R}^{n-1,n} . \tag{4.9}
$$

Es werde $w(t) = \int_a^t u(s)\,ds$ an den Stellen t_i, $i = 2, \ldots, n$, und zusätzlich an den Stellen $t_{i-1/2} := t_i - h/2$, $i = 2, \ldots, n$ beobachtet. Dies führt nach der Kollokationsmethode auf die Gleichungen $w(t_i) = h\left(\frac{\alpha_1}{2} + \alpha_2 + \ldots + \alpha_{i-1} + \frac{\alpha_i}{2}\right)$, $i = 2, \ldots, n$, sowie auf $w(t_{1,5}) = \frac{3}{8}\alpha_1 + \frac{1}{8}\alpha_2$ und $w(t_{i-1/2}) = h\left(\frac{\alpha_1}{2} + \alpha_2 + \ldots + \alpha_{i-2} + \frac{7\alpha_{i-1}}{8} + \frac{\alpha_i}{8}\right)$ für $i = 3, \ldots, n$. Mit

$$
\beta := \begin{pmatrix}
w(t_{1,5}) \\
w(t_2) \\
w(t_{2,5}) \\
w(t_3) \\
\vdots \\
w(t_{n-0,5}) \\
w(t_n)
\end{pmatrix} \quad \text{und} \quad A := h \begin{pmatrix}
0{,}375 & 0{,}125 & & & & & \\
0{,}5 & 0{,}5 & & & & & \\
0{,}5 & 0{,}875 & 0{,}125 & & & & \\
0{,}5 & 1 & 0{,}5 & & & & \\
\vdots & \vdots & & \ddots & \ddots & & \\
0{,}5 & 1 & \cdots & 1 & 0{,}875 & 0{,}125 \\
0{,}5 & 1 & \cdots & 1 & 1 & 0{,}5
\end{pmatrix} \in \mathbb{R}^{2n-2,n}
$$

lässt sich (4.8) in der Form

$$
\text{Minimiere } \|\beta^\delta - A\alpha\|_2 \text{ unter der Nebenbedingung } \|L\alpha\|_2 \le \sqrt{h}S \tag{4.10}
$$

schreiben. Als konkretes Zahlenbeispiel wird $a = 0$ und $b = 1$ sowie die durch $u(t) = t(1-t) - 1/6$ definierte Funktion mit $\|u'\|_{L_2(a,b)} = 1/\sqrt{3} =: S$ betrachtet. Außerdem sei $n = n_k = 101$ gewählt. In Abb. 4.1 (links) werden die exakten Beobachtungswerte β von w sowie durch komponentenweise Addition von $(0, \sigma^2)$-normalverteilten Zufallswerten gestörte Beobachtungswerte β^δ gezeigt. Es wurde $\sigma = 10^{-3}$ gewählt. Rechts im Bild ist neben der exakten Lösung u jene Funktion $u_k^\delta = \sum_{j=1}^{n_k} \alpha_j N_{j,2}$ zu sehen, deren Koeffizienten sich als Lösung des linearen Ausgleichsproblems $\|\beta^\delta - A\alpha\|_2 = $ Min! ergeben. Zum Vergleich wird in Abb. 4.2 (links) die Näherungslösung u_k^δ gezeigt, die man bei Minimierung von $\|\beta^\delta - A\alpha\|_2$ unter der Nebenbedingung $\|L\alpha\|_2 \le \sqrt{h}S$ wie in (4.10) erhält (erst in Satz 4.6 wird auf die Lösung dieses Optimierungsproblems eingegangen). Liegt nur eine ungenaue Information über u vor, dann ist auch u_k^δ eine weniger gute Näherung für u. Rechts im Bild sieht man ein u_k^δ mit $\|(u_k^\delta)'\|_2 = 1 \cdot \sqrt{h}$. Es zeigt sich, dass trotz erheblicher Ungenauigkeiten in den Beobachtungswerten von w eine passable Rekonstruktion von u möglich ist, wenn genügend Zusatzinformation über die exakte Lösung zur Verfügung steht. Bei unzureichender Zusatzinformation leidet die Rekonstruktionsqualität.   ◇

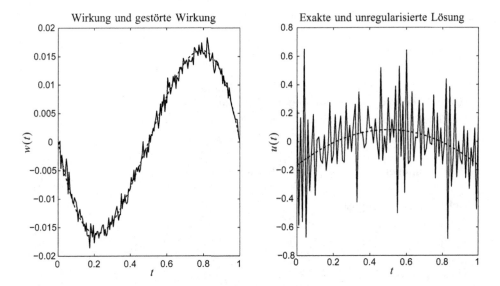

Abb. 4.1 Numerisches Differenzieren ohne Regularisierung

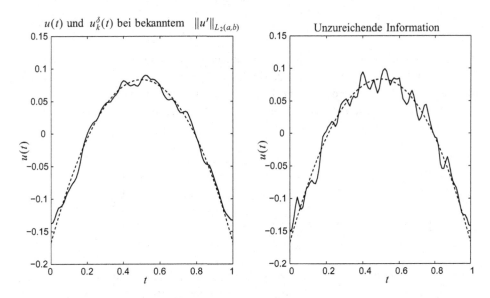

Abb. 4.2 Numerisches Differenzieren unter Benutzung von Zusatzinformation

Quadratische Minimierung mit Nebenbedingungen

Die Problemstellung (4.8) wird ein wenig modifiziert.

(Erste Variante der Tikhonov-Regularisierung)
Das lineare Ausgleichsproblem (4.7) wird ersetzt durch folgendes lineare Ausgleichsproblem mit Nebenbedingungen

$$\text{Minimiere } \|\beta^\delta - A\alpha\|_2 \text{ unter der Nebenbedingung } \|L\alpha\|_2 \le S, \qquad (4.11)$$

welches gleichwertig ist zum Minimierungsproblem

$$\text{Min.} \quad f(\alpha) := \|\beta^\delta - A\alpha\|_2^2 \quad \text{unter der NB} \quad h(\alpha) := \|L\alpha\|_2^2 - S^2 \le 0. \quad (4.12)$$

Hier wird vorausgesetzt, dass

$$A \in \mathbb{R}^{m,n}, \quad L \in \mathbb{R}^{p,n}, \quad \beta^\delta \in \mathbb{R}^m \quad \text{und} \quad S > 0. \qquad (4.13)$$

Dies ist die auf Tikhonov und Phillips zurückgehende Methode der Regularisierung des
Problems (4.7). Tikhonov hat speziell den Fall $L = I_n \in \mathbb{R}^{n,n}$ (Einheitsmatrix) betrachtet.
Mit einer Wahl $L \ne I$ werden häufig Bedingungen an Ableitungen der gesuchten Näherungslösung erfasst, wie etwa im vorangegangenen Beispiel mit (4.9). Genauso möglich
ist die Wahl von Phillips

$$L = \begin{pmatrix} -1 & 2 & -1 & 0 & 0 & 0 & 0 & \cdots & 0 \\ 0 & -1 & 2 & -1 & 0 & 0 & 0 & \cdots & 0 \\ \vdots & & & & \ddots & & & & \vdots \\ 0 & \cdots & 0 & 0 & 0 & -1 & 2 & -1 & 0 \\ 0 & \cdots & 0 & 0 & 0 & 0 & -1 & 2 & -1 \end{pmatrix} \in \mathbb{R}^{n-2,n}, \qquad (4.14)$$

mit der die Nebenbedingung $\|L\alpha\|_2 \le S$ einer Beschränktheitsbedingung an die zweite
Ableitung der Näherungslösung u_k^δ entspricht. Die Abbildung $\alpha \mapsto \|L\alpha\|_2$ ist im all-
gemeinen nur eine Halbnorm, insofern ist (4.11) eine gegenüber (4.8) verallgemeinerte
Aufgabe. Die (quadratische) Funktion f heißt **Zielfunktion**, die Menge $N := \{\alpha \in$
$\mathbb{R}^n; \ h(\alpha) \le 0\}$ heißt **zulässiger Bereich**. Im vorliegenden Fall ist f eine stetige und
konvexe Zielfunktion und N eine wegen $0 \in N$ nichtleere kompakte und konvexe Menge.
Damit existiert eine Lösung von (4.11). Die Nebenbedingung $h(\alpha) \le 0$ heißt **bindend**,
wenn

$$h(\hat{\alpha}) > 0 \quad \text{für alle} \quad \hat{\alpha} \in M := \{\alpha \in \mathbb{R}^n; \ f(\alpha) = \min\}, \qquad (4.15)$$

weil dann keine Minimalstelle[3] von f, also kein $\hat{\alpha} \in M$ eine Lösung von (4.11) sein kann: ist α^* eine Lösung von (4.11) und $\hat{\alpha} \in M$, dann ist $f(\hat{\alpha}) < f(\alpha^*)$. Wegen der Konvexität von f und N bedeutet dies, dass unter der Bedingung (4.15) eine Lösung α^* notwendig am Rand von N liegen muss.

Satz 4.6 (Lineares Ausgleichsproblem mit quadratischen Nebenbedingungen)
Unter der Voraussetzung (4.13) sei das Problem (4.11):

Minimiere $\|\beta^\delta - A\alpha\|_2$ unter der Nebenbedingung $\|L\alpha\|_2 \leq S$

zu lösen. Unter der weiteren Voraussetzung

$$Rang \begin{pmatrix} A \\ L \end{pmatrix} = n \tag{4.16}$$

hat das lineare Gleichungssystem

$$(A^T A + \lambda L^T L)\alpha = A^T \beta^\delta \tag{4.17}$$

für jedes $\lambda > 0$ eine eindeutige Lösung α_λ. Entweder ein Minimierer $\hat{\alpha}$ von $\|\beta^\delta - A\alpha\|_2$ ist eine Lösung von (4.11) oder es gilt (4.15). Im zweiten Fall gibt es genau ein $\lambda > 0$ so, dass die Gleichung

$$\|L\alpha_\lambda\|_2 = S \tag{4.18}$$

erfüllt ist und das zugehörige α_λ ist die eindeutige Lösung von (4.11).

Beweis Sei $\lambda > 0$. Mit (4.16) ist auch

$$\text{Rang} \begin{pmatrix} A \\ tL \end{pmatrix} = n \quad \text{für} \quad t = \sqrt{\lambda} > 0.$$

Damit hat das lineare Ausgleichsproblem

$$\min_{\alpha \in \mathbb{R}^n} \left\{ \left\| \begin{pmatrix} A \\ \sqrt{\lambda}L \end{pmatrix} \alpha - \begin{pmatrix} b \\ 0 \end{pmatrix} \right\|_2 \right\}, \quad \lambda > 0, \tag{4.19}$$

dessen Normalengleichungen gerade durch (4.17) gegeben sind, eine eindeutige Lösung α_λ. Unter der Voraussetzung (4.15) liegt, wie schon gesehen, jede Lösung von (4.11) beziehungsweise (4.12) am Rand von N und (4.12) kann gleichwertig ersetzt werden durch

Minimiere $f(\alpha)$ unter der NB $h(\alpha) = 0$.

---

[3] Die Formulierung ist hier allgemeiner, als es unter Voraussetzung 4.4 nötig wäre. Wenn Rang$(A) = n$, wie in Voraussetzung 4.4 gefordert, dann besteht M nur aus dem eindeutigen Minimierer von f und auch die Voraussetzung (4.16) in Satz 4.6 ist unnötig.

Für den Gradienten von h gilt

$$\nabla h(\alpha) = 0 \quad \Longleftrightarrow \quad L^T L \alpha = 0 \quad \Longleftrightarrow \quad \|L\alpha\|_2 = 0.$$

Da eine Lösung α^* von (4.11) $h(\alpha^*) = \|L\alpha^*\|_2^2 - S^2 = 0$ erfüllt und $S > 0$ vorausgesetzt wurde, kann nicht $\nabla h(\alpha^*) = 0$ gelten. Dies ist die sogenannte Regularitätsbedingung für das Optimierungsproblem (4.12) und da sie erfüllt ist, folgt aus dem Satz über die Lagrange-Multiplikatoren, dass es zu α^* einen Skalar λ so gibt, dass

$$0 = \nabla f(\alpha^*) + \lambda \nabla h(\alpha^*) = 2(A^T A + \lambda L^T L)\alpha^* - 2A^T \beta^\delta. \tag{4.20}$$

Bekanntlich zeigt der Gradient einer Funktion in Richtung ansteigender Funktionswerte; insbesondere zeigt $\nabla h(\alpha^*)$ aus dem zulässigen Bereich heraus. Somit kann nicht $\lambda < 0$ gelten, denn nach (4.20) gäbe es sonst im Inneren von N kleinere (zulässige) Funktionswerte von f als für α^*, im Widerspruch zur getroffenen Feststellung, Optimalstellen lägen notwendig am Rand. Wäre $\lambda = 0$, dann wäre nach (4.20) $\nabla f(\alpha^*) = 0$, es wäre also α^* Minimalstelle des konvexen f im Widerspruch zur Voraussetzung (4.15). Es bleibt nur die Möglichkeit $\lambda > 0$. Dann aber hat (4.20) eine eindeutige Lösung $\alpha^* = \alpha_\lambda$, wie bereits gesehen. Da $\alpha^* = \alpha_\lambda$ auch die Bedingung $h(\alpha_\lambda) = 0$ erfüllen muss, gilt (4.18) und es bleibt zu zeigen, dass es höchstens und damit genau ein solches λ gibt. Dazu werden $J, E : \mathbb{R}^+ \to \mathbb{R}_0^+$ durch

$$J(\lambda) := f(\alpha_\lambda) = \|\beta^\delta - A\alpha_\lambda\|_2^2 \quad \text{und} \quad E(\lambda) := \|L\alpha_\lambda\|_2^2 \tag{4.21}$$

(mit der zu $\lambda > 0$ eindeutig definierten Lösung α_λ von (4.17)) definiert. Der Beweis ist beendet, wenn gezeigt werden kann, dass E eine streng monoton fallende Funktion ist. Da $f, h : \mathbb{R}^n \to \mathbb{R}$ beides konvexe Funktionen sind, ist auch $f + \lambda h : \mathbb{R}^n \to \mathbb{R}$ für jedes $\lambda > 0$ eine konvexe Funktion, welche genau dann minimiert wird, wenn $\nabla f(\alpha) + \lambda \nabla h(\alpha) = 0$. Wie gesehen, gibt es zu jedem $\lambda > 0$ genau ein $\alpha = \alpha_\lambda$, welches diese Bedingung erfüllt und damit ist für zwei Werte $0 < \lambda_1 < \lambda_2$

$$J(\lambda_1) + \lambda_1 E(\lambda_1) < J(\lambda_2) + \lambda_1 E(\lambda_2)$$

ebenso wie

$$J(\lambda_2) + \lambda_2 E(\lambda_2) < J(\lambda_1) + \lambda_2 E(\lambda_1).$$

Addition dieser beiden Ungleichungen liefert

$$(\lambda_1 - \lambda_2)(E(\lambda_1) - E(\lambda_2)) < 0,$$

woraus in der Tat $E(\lambda_1) > E(\lambda_2)$ folgt. Ebenso kann man zeigen, dass J eine streng monoton steigende Funktion ist (man dividiere die erste Ungleichung durch λ_1, die zweite durch λ_2 und addiere dann). $\qquad\square$

Der Beweis zeigt auf, wie man das regularisierte Ausgleichsproblem (4.11) im Prinzip löst.

(1) Man berechne den Minimierer α_0 von $\|\beta^\delta - A\alpha\|_2$ und teste, ob $\|L\alpha_0\|_2 \leq S$. Ist dies der Fall, ist die Aufgabe erledigt. Ansonsten:

(2) Man berechne, etwa mit dem Newton-Verfahren, eine Nullstelle der streng monoton fallenden Funktion $E : (0, \infty) \to \mathbb{R}$, $\lambda \mapsto \|L\alpha_\lambda\|_2^2 - S^2$. Jede Funktionsauswertung erfordert die Berechnung von α_λ, der Lösung des Ausgleichsproblems *ohne* Nebenbedingungen (4.19), welche beispielsweise über dessen Normalengleichungen (4.17) gefunden werden kann. Die Nullstelle λ^* von E definiert die Lösung α_{λ^*} von (4.11).

Es bestehen hierbei zwei hauptsächliche praktische Schwierigkeiten. Die erste liegt in dem hohen Aufwand, für jede Berechnung eines Funktionswerts $E(\lambda)$ ein Ausgleichsproblem lösen zu müssen. Die folgende Analyse zeigt, wie man eine Nullstelle von E mit möglichst wenig Funktionsauswertungen bestimmen kann. Die zweite, noch größere Schwierigkeit liegt darin, dass die Schranke S in der Praxis oft nicht hinreichend gut oder gar nicht bekannt ist. Man versucht dann, einen plausiblen Wert für λ mit heuristischen Methoden zu finden, deren bekannteste das weiter unten beschriebene Diskrepanzprinzip ist.

Analyse und praktische Lösung des Optimierungsproblems

Zur Analyse von (4.11) wird zumeist die „verallgemeinerte Singulärwertzerlegung (GSVD)" herangezogen. Dies ist jedoch nicht nötig. Die folgende alternative Analyse, die auf [30] zurückgeht, zeigt überdies, wie man die gesuchte Lösung α_λ von (4.11) auf sehr effiziente Weise mit dem Newton-Verfahren berechnen kann. *Obwohl die Analyse unter der Bedingung (4.16) durchgeführt werden könnte, wird jetzt wieder wie in Voraussetzung 4.4 angenommen, dass sogar Rang(A) = $n \leq m$.* Dann haben die Normalengleichungen (4.17) bereits für $\lambda = 0$ eine eindeutig bestimmte Lösung α_0. Wenn $h(\alpha_0) \leq S$, dann ist α_0 bereits die Lösung von (4.11). Es sei jetzt $h(\alpha_0) > S$.

Wegen Rang(A) = n ist $A^T A$ positiv definit und da auch $L^T L$ positiv semidefinit ist, gibt es nach (A.2) eine invertierbare Matrix $V = (v_1|v_2|\ldots|v_n) \in \mathbb{R}^{n,n}$ mit

$$V^T A^T A V = \mathrm{diag}(1, \ldots, 1) \quad \text{und} \quad V^T L^T L V = \mathrm{diag}(\kappa_1, \ldots, \kappa_n), \tag{4.22}$$

wobei $\kappa_i \geq 0$ für alle i. Lediglich eine Umformulierung hiervon ist

$$v_i^T A^T A v_j = \begin{cases} 1, & i = j \\ 0, & \text{sonst} \end{cases} \quad \text{und} \quad v_i^T L^T L v_j = \begin{cases} \kappa_i, & i = j \\ 0, & \text{sonst} \end{cases}.$$

Die Nummerierung sei so, dass

$$\kappa_1 \geq \ldots \geq \kappa_r > 0 \quad \text{und} \quad \kappa_{r+1} = \ldots = \kappa_n = 0 \quad \text{mit} \quad r := \text{Rang}(L).$$

Aus (4.22) folgt dann

$$A^T A v_i = \frac{1}{\kappa_i} L^T L v_i, \quad i = 1, \ldots, r.$$

Für jedes feste $\lambda \geq 0$ lässt sich die Lösung α_λ von (4.17) in der Form $\alpha_\lambda = \sum_{i=1}^{n} \tau_i v_i$ ansetzen. Einsetzen in (4.17) liefert

$$\sum_{i=1}^{n} \tau_i (A^T A v_i + \lambda L^T L v_i) = \sum_{i=1}^{r} \tau_i \left(\frac{1}{\kappa_i} + \lambda \right) L^T L v_i + \sum_{i=r+1}^{n} \tau_i A^T A v_i = A^T \beta^\delta.$$

Zur Bestimmung der τ_i wird diese Identität von links der Reihe nach mit $v_1^T, \ldots, v_n^T$ multipliziert, woraus sich die folgende Lösungsformel ergibt

$$\alpha_\lambda = \sum_{i=1}^{n} \left(\frac{\gamma_i}{1 + \lambda \kappa_i} \right) v_i, \quad \gamma_i = v_i^T A^T \beta^\delta, \tag{4.23}$$

welche für alle $\lambda \geq 0$ gültig ist. Damit erhält man auch sofort

$$E(\lambda) = \|L \alpha_\lambda\|_2^2 = \sum_{i=1}^{n} \left(\frac{\gamma_i}{1 + \lambda \kappa_i} \right)^2 \kappa_i . \tag{4.24}$$

Die Funktion $E : \mathbb{R}_0^+ \rightarrow \mathbb{R}_0^+$ ist also unter den Voraussetzungen $\text{Rang}(A) = n$ und $E(0) = h(\alpha_0)^2 > S^2$ nicht nur echt positiv und streng monoton von $E(0) > S^2$ nach 0 fallend, sondern auch konvex. Dies hat zur Folge, dass das Newton-Verfahren zur Lösung der Gleichung $E(\lambda) - S^2 = 0$ monoton konvergiert, wenn es mit dem Wert $\lambda_0 = 0$ (oder einem positiven Wert λ_0 links von der Nullstelle λ^* von $E(\lambda) - S^2$) gestartet wird. Die Newton-Iteration lautet mit $E_k := E(\lambda_k)$ und $E_k' := E'(\lambda_k)$

$$\lambda_{k+1} = \lambda_k - \frac{E(\lambda_k) - S^2}{E'(\lambda_k)} = \lambda_k - \frac{E_k - S^2}{E_k'}, \quad k = 0, 1, 2, \ldots \tag{4.25}$$

und erfordert die Berechnung der Ableitung $E'(\lambda)$:

$$E'(\lambda) = \frac{d}{d\lambda} \left(\alpha_\lambda^T L^T L \alpha_\lambda \right) = 2\alpha_\lambda^T L^T L \alpha_\lambda', \quad \alpha_\lambda' = \frac{d}{d\lambda} \alpha_\lambda.$$

Implizites Differenzieren der Identität (4.17) nach λ ergibt die Formel

$$L^T L \alpha_\lambda + (A^T A + \lambda L^T L) \alpha_\lambda' = 0$$

und man erhält die gesuchte Ableitung in der Form

$$E'(\lambda)/2 = -\alpha_\lambda^T L^T L (A^T A + \lambda L^T L)^{-1} L^T L \alpha_\lambda. \tag{4.26}$$

Hier ist zu beachten, dass bei Berechnung von α_λ aus (4.17) mittels einer Cholesky-Faktorisierung $A^T A + \lambda L^T L = R^T R$ die Berechnung von

$$E'(\lambda)/2 = -\| R^{-T} L^T L \alpha_\lambda \|_2^2$$

keine erneute Lösung eines Gleichungssystems mehr erfordert, vielmehr ergibt sich $z = R^{-T} L^T L \alpha_\lambda$ durch Vorwärtssubstitution aus $R^T z = L^T L \alpha_\lambda$. Zur notwendigen Berechnung von $E(\lambda)$ (welche die Kenntnis von α_λ erfordert) bekommt man die Ableitungsinformation $E'(\lambda)$ mit geringfügigem Zusatzaufwand so gut wie geschenkt.

Aus [30] stammt die Empfehlung, die Newton-Iteration besser noch zur Lösung der zu $E(\lambda) - S^2 = 0$ äquivalenten Identität

$$G(\lambda) - \frac{1}{S} = 0, \quad G(\lambda) = \frac{1}{\sqrt{E(\lambda)}}, \tag{4.27}$$

zu verwenden. Da E echt positiv und streng monoton fallend ist, ist G ebenfalls positiv und streng monoton steigend. Aus $E(0) > S^2$ und $E(\lambda) \to 0$ für $\lambda \to \infty$ folgt $G(0) < S^{-1}$ und $G(\lambda) \to \infty$ für $\lambda \to \infty$, also gibt es genau eine Lösung von (4.27). Mit $G'(\lambda) = -(1/2) E(\lambda)^{-3/2} E'(\lambda)$ (genauso effizient berechenbar wie $E'(\lambda)$) lautet die Newton-Iteration für Gl. (4.27) (Abkürzungen wie in (4.25))

$$\lambda_{k+1} = \lambda_k + 2 \frac{E_k^{3/2}}{E_k'} \cdot \left(E_k^{-1/2} - S^{-1} \right), \quad k = 0, 1, 2, \ldots, \tag{4.28}$$

wobei wiederum mit $\lambda_0 = 0$ gestartet werden kann. Da die Funktion G konkav ist (was man mit etwas Mühe zeigen kann), konvergiert die Newton-Iteration (4.28) zum Startwert $\lambda_0 = 0$ wiederum monoton. Der Vorteil der Verwendung von (4.28) gegenüber (4.25) liegt darin, dass die Inkremente $(\lambda_{k+1} - \lambda_k)$ größer ausfallen: Das Verhältnis der Inkremente an einer gemeinsamen Referenzstelle λ_k ist

$$\nu_k := 2 \frac{E_k^{3/2}(E_k^{-1/2} - S^{-1})}{E_k'} \cdot \frac{-E_k'}{E_k - S^2} = \frac{2}{q_k + \sqrt{q_k}}$$

mit $q_k := S^2/E_k$. Da die Newton-Iteration (4.25) mit $\lambda_0 = 0$ links von der Nullstelle λ^* von $E(\lambda) - S^2$ gestartet wird, ist $0 < q_k < 1$ und folglich $\nu_k > 1$.

Wegen der Monotonie der Newton-Iteration (4.25) oder (4.28) kann man diese so lange laufen lassen, bis in Computer-Arithmetik das Kriterium $\lambda_{k+1} > \lambda_k$ verletzt ist. Vor dem Start der Iteration muss man testen, ob α_0 die Nebenbedingung $\| L\alpha_0 \|_2 \leq S$ erfüllt.

Wahl des Regularisierungsparameters nach dem Diskrepanzprinzip

Obige „erste Variante" der Tikhonov-Regularisierung des linearen Ausgleichsproblems beruht auf der Einbeziehung von Zusatzinformation $\|u\|_0 \leq S$ über die unbekannte Lösung u. Fordert man, dass auch eine Näherung $u_k = \sum_{j=1}^{n_k} \alpha_j x_j$ von u die Eigenschaft $\|u_k\|_0 \leq S$ haben soll, kommt man zu (4.8) und, bei Vorhandensein einer geeigneten Matrix L so, dass $\|L\alpha\|_2 = \|u_k\|_0$, zum quadratischen Optimierungsproblem wie in Satz 4.6. Diese Herangehensweise wird hinfällig, wenn man $\|u\|_0$ nicht (gut genug) kennt, wie es in der Praxis meistens der Fall ist. Man kann dann zu folgender „zweiten Variante" der Tikhonov-Regularisierung übergehen.

(Zweite Variante der Tikhonov-Regularisierung)
Das lineare Ausgleichsproblem (4.7) wird ersetzt durch das lineare Ausgleichsproblem wie in (4.19)

$$\min_{\alpha} \left\{ \|\beta^\delta - A\alpha\|_2^2 + \lambda \|L\alpha\|_2^2 \right\} = \min_{\alpha} \left\{ \left\| \begin{pmatrix} A \\ \sqrt{\lambda}L \end{pmatrix} \alpha - \begin{pmatrix} \beta^\delta \\ 0 \end{pmatrix} \right\|_2^2 \right\} \quad (4.29)$$

mit einem heuristisch bestimmten Parameter $\lambda \geq 0$.

Heuristiken zur Bestimmung von λ werden bei allgemeinem L eingesetzt, im Folgenden aber nur im Spezialfall $L = I_n \in \mathbb{R}^{n,n}$ (Identitätsmatrix) analysiert. Der nächste Satz zeigt, dass (4.29) ein Regularisierungsverfahren ist.

Satz 4.7 (Approximationsgüte der Tikhonov-Regularisierung) *Es sei $A \in \mathbb{R}^{m,n}$ mit $Rang(A) = n \leq m$ und singulären Werten $\sigma_1 \geq \ldots \geq \sigma_n > 0$. Es seien $L = I_n$, $\beta, \beta^\delta \in \mathbb{R}^m$ und $\|\beta - \beta^\delta\|_2 \leq \delta$ mit $\delta > 0$. Weiter seien*

$\hat{\alpha}$ *die Lösung des Ausgleichsproblems $\|\beta - A\alpha\|_2 = \min!$,*

α_0 *die unregularisierte Lösung ($\lambda = 0$) von (4.29) bei gestörten Daten und*

α_λ *die regularisierte Lösung ($\lambda > 0$) von (4.29) bei gestörten Daten.*

Dann gelten die Abschätzungen

(1) $\|\hat{\alpha} - \alpha_0\|_2 \leq \dfrac{\delta}{\sigma_n}$

(2) $\|\hat{\alpha} - \alpha_\lambda\|_2 \leq \dfrac{\sqrt{\lambda}}{2\sigma_n} \|\hat{\alpha}\|_2 + \dfrac{\delta}{2\sqrt{\lambda}}$

Insbesondere handelt es sich bei (4.29) um eine konvergente Regularisierung, wenn λ so gewählt wird, dass für δ → 0 gilt:

$$\lambda \to 0 \quad und \quad \frac{\delta^2}{\lambda} \to 0 \,.$$

Beweis Teil (1) ist aus Satz 2.5 übernommen und dort bewiesen. Für Teil (2) ergibt sich wegen $L = I_n$ mit der SVD $A = U\Sigma V^T$

$$V^T A^T A V = \text{diag}(\sigma_1^2, \ldots, \sigma_n^2) \quad und \quad V^T I_n V = I_n$$

anstelle von (4.22). Unter Beachtung von $v_i^T A^T = \sigma_i u_i^T$ wird aus (4.23)

$$\alpha_\lambda = \sum_{i=1}^{n} \frac{\sigma_i}{\sigma_i^2 + \lambda} \cdot (u_i^T \beta^\delta) \cdot v_i \,. \tag{4.30}$$

Allgemein lassen sich für $\lambda \geq 0$ die Operatoren

$$A_\lambda^+ : \mathbb{R}^m \to \mathbb{R}^n, \quad b \mapsto A_\lambda^+ b := \sum_{i=1}^{n} \frac{\sigma_i}{\sigma_i^2 + \lambda} \cdot (u_i^T b) \cdot v_i$$

definieren, so dass $\alpha_\lambda = A_\lambda^+ \beta^\delta$. Mit der Dreiecksungleichung ist wegen $\hat{\alpha} = A^+ \beta$

$$\|\hat{\alpha} - \alpha_\lambda^\delta\|_2 \leq \|A^+ \beta - A_\lambda^+ \beta\|_2 + \|A_\lambda^+ \beta - A_\lambda^+ \beta^\delta\|_2. \tag{4.31}$$

Beide rechts stehenden Terme werden einzeln abgeschätzt. Wegen $A^+ = A_0^+$ ist

$$A^+ \beta - A_\lambda^+ \beta = \sum_{i=1}^{n} \frac{\lambda}{\sigma_i^2 + \lambda} \frac{1}{\sigma_i} (u_i^T \beta) v_i.$$

Mit der schnell einzusehenden Ungleichung

$$\frac{\sigma^2}{\sigma^2 + \lambda} \leq \frac{\sigma}{2\sqrt{\lambda}} \quad für \quad \sigma, \lambda > 0, \tag{4.32}$$

aus der $\lambda/(\sigma_i^2 + \lambda) \leq \sqrt{\lambda}/(2\sigma_n)$ folgt, erhält man

$$\|A^+ \beta - A_\lambda^+ \beta\|_2^2 \leq \frac{\lambda}{4\sigma_n^2} \cdot \sum_{i=1}^{n} \frac{1}{\sigma_i^2} |u_i^T \beta|^2 = \frac{\lambda}{4\sigma_n^2} \|A^+ \beta\|_2^2.$$

Der erste Term der rechten Seite von (4.31) lässt sich also durch $(\sqrt{\lambda}/(2\sigma_n)) \cdot \|\hat{\alpha}\|_2$ abschätzen. Zur Abschätzung des zweiten Terms wird erneut (4.32) herangezogen:

$$\|A_\lambda^+ \beta - A_\lambda^+ \beta^\delta\|_2^2 = \sum_{i=1}^{n} \underbrace{\left(\frac{\sigma_i^2}{\sigma_i^2 + \lambda} \cdot \frac{1}{\sigma_i} \right)^2}_{\leq 1/(4\lambda)} |u_i^T (\beta - \beta^\delta)|^2 \leq \frac{1}{4\lambda} \|\beta - \beta^\delta\|_2^2.$$

Dies zeigt im Übrigen auch die Abschätzung

$$\|A_\lambda^+\|_2 \le \frac{1}{2\sqrt{\lambda}} \tag{4.33}$$

für die Spektralnorm des Regularisierungsoperators A_λ^+ von A^+.   □

Man kann λ so wählen, dass die in Satz 4.7 angegebene obere Schranke von $\|\hat{\alpha} - \alpha_\lambda\|_2$ minimiert wird. Dies ergibt den (vom unbekannten $\hat{\alpha}$ abhängigen) Parameter

$$\lambda = \frac{\sigma_n \cdot \delta}{\|\hat{\alpha}\|_2} \quad \Longrightarrow \quad \|\hat{\alpha} - \alpha_\lambda\|_2 \le 2\sqrt{\frac{\|\hat{\alpha}\|_2 \cdot \delta}{\sigma_n}} = \mathcal{O}(\sqrt{\delta}). \tag{4.34}$$

Eine Schranke gleicher Größenordnung für den Fehler erhält man, wenn man λ a priori gleich δ oder a posteriori nach dem **Diskrepanzprinzip von Morozov** wählt. Dazu sei an die in (4.21) definierten Funktionen $J, E : \mathbb{R}_0^+ \to \mathbb{R}_0^+$ erinnert, die durch

$$J(\lambda) = \|\beta^\delta - A\alpha_\lambda\|_2^2 \quad \text{und} \quad E(\lambda) = \|L\alpha_\lambda\|_2^2 \tag{4.35}$$

gegeben sind. Es wurde festgestellt, dass J streng monoton steigt und E streng monoton fällt mit $E(0) = \|L\alpha_0\|_2^2$ und $\lim_{\lambda \to \infty} E(\lambda) = 0$. Offenbar gewichtet die Wahl von λ die Bedeutung, die in (4.29) der Minimierung von $\|\beta^\delta - A\alpha\|_2^2$ gegenüber der von $\|L\alpha\|_2^2$ beigemessen wird. Im einen Grenzfall $\lambda \to 0$ erhält man die Lösung α_0 des linearen Ausgleichsproblems (4.7). Unter allen Lösungen α_λ ist dies diejenige, die am besten das Gleichungssystem $A\alpha = \beta^\delta$ erfüllt und in diesem Sinn „am nächsten bei den Daten β^δ liegt". $J(\lambda)$ kann demnach als (inverses) Maß der **Datentreue** von α_λ gelten. Im anderen Grenzfall $\lambda \to \infty$ erhält man aus (4.23) die Identität

$$\alpha_\infty = \sum_{i=r+1}^n \frac{v_i^T A^T \beta^\delta}{v_i^T A^T A v_i} v_i \in \mathcal{N}_L = \langle v_{r+1}, \ldots, v_n \rangle.$$

Dies ist der eindeutig bestimmte Minimierer $\alpha \in \mathcal{N}_L$ von $\|\beta^\delta - A\alpha\|_2$.[4] In Beispiel 4.5 ist $u_k = \sum_{j=1}^{n_k} \alpha_{\infty,j} N_{j,2}$ die „Ausgleichskonstante" (Ausgleichsgerade mit Steigung 0) der vorliegenden Messwerte. Weil die bisher verwendeten Matrizen L diskretisierten L_2-Normen für Ableitungen von Funktionen entsprechen, soll α_∞ stellvertretend für $u_k = \sum \alpha_{\infty,j} x_j$ als glatteste aller Lösungen α_λ und $E(\lambda)$ als inverses Maß für die **Glattheit** von α_λ bezeichnet werden. Das folgende Diskrepanzprinzip unterstellt die Kenntnis einer Schranke $\delta > 0$ mit $\|\beta - \beta^\delta\|_2 \le \delta$.

---

[4] Man berechne den Gradienten der zu minimierenden konvexen Funktion $h(\tau_{r+1}, \ldots, \tau_n) = \|\beta^\delta - A(\sum_{i=r+1}^n \tau_i v_i)\|_2^2$ unter Berücksichtigung von $v_i^T A^T A v_j = 0$ für $i \ne j$.

Diskrepanzprinzip von Morozov

zur Wahl des Regularisierungsparameters λ in (4.29).

- Es wird $\lambda = \infty$ gewählt, falls

$$\|\beta^\delta - A\alpha_\infty\|_2 \leq \delta. \tag{4.36}$$

- Es wird $\lambda = 0$ gewählt, falls

$$\|\beta^\delta - A\alpha_0\|_2 > \delta. \tag{4.37}$$

- Anderenfalls wird λ als der eindeutig bestimmte Wert gewählt, für den

$$\|\beta^\delta - A\alpha_\lambda\|_2 = \delta. \tag{4.38}$$

Da beim Diskrepanzprinzip der Regularisierungsparameter $\lambda = \lambda(\delta, \beta^\delta)$ in Abhängigkeit sowohl vom Fehlerniveau δ als auch von den Daten β^δ erfolgt, handelt es sich um eine Parameterwahl a posteriori. Die Grundidee ist, dass es ausreicht, ein α mit $\|\beta^\delta - A\alpha\|_2 \leq \delta$ zu bestimmen, da ein Fehler der Größe δ bereits in den Messwerten β^δ enthalten ist. Diese zulässige Grenze wird in (4.38) durch ein maximal groß gewähltes λ ausgereizt: es wird die glatteste ausreichend datentreue Lösung gewählt. Dies ist legitim, wenn man sich eine möglichst glatte Lösung *wünscht*. Es kann aber auch in die Irre führen, wenn man eine Näherung für die unbekannte Funktion u sucht, *ohne von dieser zu wissen*, dass sie „glatt" ist. Abbildung 4.7 zeigt ein Beispiel für eine solche, in einer konkreten Anwendung tatsächlich auftretende, problematischere Funktion u. Da J eine streng monoton steigende Funktion ist, kann (4.38) höchstens für *einen* Wert λ erfüllt sein. Sonderfälle sind (4.36) (sogar die glatteste aller Lösungen ist ausreichend datentreu) und (4.37) (keine Lösung ist ausreichend datentreu). Insbesondere für $\alpha = \hat{\alpha} = A^+\beta$ gilt jedoch

$$\|\beta^\delta - A\alpha_0\|_2 \leq \|\beta^\delta - A\hat{\alpha}\|_2 \leq \|\beta^\delta - \beta\|_2 + \|\beta - A\hat{\alpha}\|_2, \tag{4.39}$$

wobei der zweite Summand der rechten Seite unter Voraussetzung 4.4 mit feiner werdender Diskretisierung gegen 0 konvergiert. Sollte also für finites δ der Fall (4.37) eintreten, ist dies (kein Beweis aber) ein Hinweis, dass die Diskretisierungsfeinheit zu grob gewählt sein könnte. In diesem Fall lässt sich ein α mit $\|\beta^\delta - A\alpha\|_2 \leq \delta$ nur dann finden, wenn man δ als obere Schranke für Daten- *plus* Diskretisierungsfehler wählt:

Satz 4.8 (Diskrepanzprinzip und Tikhonov-Regularisierung) *Es sei $A \in \mathbb{R}^{m,n}$ mit Rang$(A) = n \leq m$ und singulären Werten $\sigma_1 \geq \ldots \geq \sigma_n > 0$ und es sei $L = I$. Es seien*

$\beta, \beta^\delta \in \mathbb{R}^m$ *und*

> $\hat{\alpha}$ *die Lösung des Ausgleichsproblems* $\|\beta - A\alpha\|_2 = \min!$,
>
> α_0 *die unregularisierte Lösung* ($\lambda = 0$) *von (4.29) bei gestörten Daten und*
>
> α_λ *die regularisierte Lösung* ($\lambda \geq 0$) *von (4.29) bei gestörten Daten.*

Für bekanntes $\delta > 0$ *gelte*

$$\|\beta - \beta^\delta\|_2 + \|\beta - A\hat{\alpha}\|_2 \leq \delta < \|\beta^\delta\|_2 \tag{4.40}$$

und es werde λ *nach dem Diskrepanzprinzip bestimmt. Dann tritt stets der Fall (4.38) ein und es gilt*

$$\|\hat{\alpha} - \alpha_\lambda\|_2 \leq C\sqrt{\delta} \tag{4.41}$$

mit einer Konstanten C.

Beweis Unter der Voraussetzung $L = I$ ist $\mathcal{N}_L = \{0\}$ und somit ist $\alpha_\infty = 0$. Wegen (4.40) ist $\|\beta^\delta - A\alpha_\infty\|_2 = \|\beta^\delta\|_2 > \delta$, so dass der Fall (4.36) nicht eintreten kann. Wegen (4.39) und (4.40) kann auch der Fall (4.37) nicht eintreten. Es bleibt der Fall (4.38) zu untersuchen. Wegen (4.40) gilt insbesondere $\|\beta^\delta - A\hat{\alpha}\|_2 \leq \delta$. Hiermit und wegen der Minimalitätseigenschaft von α_λ bezüglich (4.29) mit $L = I$ ergibt sich:

$$\delta^2 + \lambda\|\alpha_\lambda\|_2^2 = \|\beta^\delta - A\alpha_\lambda\|_2^2 + \lambda\|\alpha_\lambda\|_2^2 \leq \|\beta^\delta - A\hat{\alpha}\|_2^2 + \lambda\|\hat{\alpha}\|_2^2$$
$$\leq \delta^2 + \lambda\|\hat{\alpha}\|_2^2,$$

folglich ist $\|\alpha_\lambda\|_2 \leq \|\hat{\alpha}\|_2$, wenn $\lambda > 0$. (Für $\lambda = 0$: siehe (1) in Satz 4.7.) Daraus bekommt man

$$\|\hat{\alpha} - \alpha_\lambda\|_2^2 = \|\alpha_\lambda\|_2^2 - 2\hat{\alpha}^T\alpha_\lambda + \|\hat{\alpha}\|_2^2$$
$$\leq 2\left(\|\hat{\alpha}\|_2^2 - \hat{\alpha}^T\alpha_\lambda\right) = 2(\hat{\alpha} - \alpha_\lambda)^T\hat{\alpha}.$$

Da A vollen Rang hat, ist $\mathcal{R}_{A^T} = \mathcal{N}_A^\perp = \{0\}^\perp = \mathbb{R}^n$ und es gibt einen Vektor $v \in \mathbb{R}^m$ so, dass $\hat{\alpha} = A^T v$. Damit ist

$$\|\hat{\alpha} - \alpha_\lambda\|_2^2 \leq 2(\hat{\alpha} - \alpha_\lambda)^T(A^T v)$$
$$= 2(A\hat{\alpha} - \beta^\delta)^T v + 2(\beta^\delta - A\alpha_\lambda)^T v$$
$$\leq 2\left(\|A\hat{\alpha} - \beta^\delta\|_2\|v\|_2 + \|\beta^\delta - A\alpha_\lambda\|_2\|v\|_2\right) \leq 4\|v\|_2\delta.$$

Dies bestätigt die Abschätzung (4.41) mit der Konstanten $C = 2\sqrt{\|v\|_2}$.   □

Es sei erwähnt, dass die Wahl des Regularisierungsparameters nach dem Diskrepanzprinzip unter einem bestimmten Gesichtspunkt nicht optimal ist. So wird zum Beispiel in

[17], Satz 4.5, gezeigt, dass $\|\hat{\alpha} - \alpha_\lambda\|_2 \leq C\delta^{2/3}$, wenn man a priori den Regularisierungs-parameter $\lambda = \delta^{2/3}$ wählt. Da $C\delta^{2/3}$ für $\delta \to 0$ schneller gegen null konvergiert als $C\sqrt{\delta}$ bedeutet dies, dass die Tikhonov-Regularisierung mit Parameterwahl nach dem Diskrepanzprinzip kein „ordnungsoptimales Regularisierungsverfahren" ist. Es lässt sich jedoch einwenden, dass die Konvergenzordnung nichts darüber aussagt, ob für ein gegebenes, finites $\delta > 0$ der Fehler $\|\hat{\alpha} - \alpha_\lambda\|_2$ klein wird – und gerade darauf kommt es am meisten an. Käme es zuerst auf die Konvergenzordnung an, dann dürfte man gar nicht regularisieren, siehe Abschätzung (1) in Satz 4.7.

Die technische Durchführung der Parameterwahl nach dem Diskrepanzprinzip verlangt zuerst die Überprüfung der Fälle (4.36) und (4.37). Können diese ausgeschlossen werden, dann existiert ein eindeutiges $\lambda = \lambda^*$ so, dass (4.38) erfüllt ist, es existiert also eine eindeutige Lösung der Gleichung

$$J(\lambda) - \delta^2 = 0,$$

welche im Prinzip mit der Newton-Iteration gefunden werden kann. Für die benötigte Ableitung berechnet man ganz analog wie in (4.26)

$$J'(\lambda) = -\lambda E'(\lambda).$$

Die Funktion $J - \delta^2$ ist allerdings nicht konvex. Es ist vorteilhaft, zur Gleichung

$$I(\lambda) := J\left(\frac{1}{\lambda}\right) - \delta^2 = 0 \tag{4.42}$$

überzugehen. Da J streng monoton steigt, ist I streng monoton fallend. Es ist

$$I'(\lambda) = \frac{1}{\lambda^3} E'\left(\frac{1}{\lambda}\right) \quad \Longrightarrow \quad I''(\lambda) = -\frac{3}{\lambda^4} E'\left(\frac{1}{\lambda}\right) - \frac{1}{\lambda^5} E''\left(\frac{1}{\lambda}\right).$$

Aus (4.24) bekommt man

$$E'(\lambda) = \sum_{i=1}^{r} \frac{-2\kappa_i^2 \gamma_i^2}{(1 + \lambda\kappa_i)^3} \quad \Rightarrow \quad -\frac{3}{\lambda^4} E'\left(\frac{1}{\lambda}\right) = \sum_{i=1}^{r} \frac{6\kappa_i^2 \gamma_i^2}{\lambda(\lambda + \kappa_i)^3}$$

$$E''(\lambda) = \sum_{i=1}^{r} \frac{+6\kappa_i^3 \gamma_i^2}{(1 + \lambda\kappa_i)^4} \quad \Rightarrow \quad -\frac{1}{\lambda^5} E''\left(\frac{1}{\lambda}\right) = \sum_{i=1}^{r} \frac{-6\kappa_i^3 \gamma_i^2}{\lambda(\lambda + \kappa_i)^4}$$

und hieraus

$$I''(\lambda) = \sum_{i=1}^{r} \underbrace{\frac{6\kappa_i^2 \gamma_i^2}{\lambda(\lambda + \kappa_i)^3}}_{> 0} \underbrace{\left[1 - \frac{\kappa_i}{\lambda + \kappa_i}\right]}_{> 0} > 0.$$

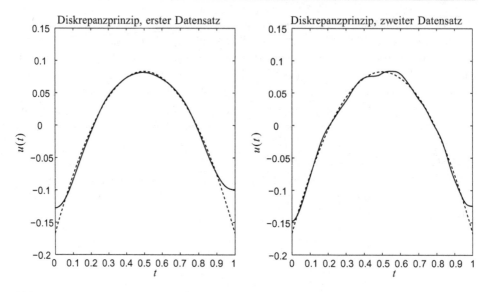

Abb. 4.3 Regularisierung nach Tikhonov und dem Diskrepanzprinzip

Die streng monoton fallende Funktion $I : (0, \infty) \to \mathbb{R}$, die unter der Bedingung (4.38) genau eine Nullstelle besitzt, ist somit streng konvex, so dass die Newton-Iteration

$$\lambda_{k+1} = \lambda_k - \frac{I(\lambda_k)}{I'(\lambda_k)}, \quad I'(\lambda) = -\frac{2}{\lambda^3}\alpha_{1/\lambda}^T L^T L \left(A^T A + \frac{1}{\lambda}L^T L\right)^{-1} L^T L\alpha_{1/\lambda},$$

monoton gegen diese Nullstelle konvergiert, wenn sie mit einem genügend kleinen, positiven Wert gestartet wird. Die Iteration wird abgebrochen, wenn in Computer-Arithmetik die Bedingung $\lambda_{k+1} > \lambda_k$ nicht mehr erfüllt ist.

Beispiel 4.9 (Numerisches Differenzieren) Es wird das Beispiel 4.5 aufgegriffen, wieder werden die Messwerte $\beta \in \mathbb{R}^m$ komponentenweise unabhängig mit $(0, \sigma^2)$-normalverteilten Zufallszahlen verfälscht, $\sigma = 10^{-3}$. Für den Term $\|\beta - \beta^\delta\|_2^2$ erwartet man dann einen Wert der Größenordnung $m\sigma^2$, siehe den nachfolgenden Paragraphen. Der Regularisierungsparameter wird nach dem Diskrepanzprinzip passend zum geschätzten Wert $\delta := \sqrt{m}\sigma \approx \|\beta - \beta^\delta\|_2$ gewählt. Für zwei zufällig generierte Datensätze ergaben sich die in Abb. 4.3 gezeigten Rekonstrukte. Die Regularisierungsparamter wurden mit der Newton-Iteration an der Funktion I aus (4.42) bestimmt. Die Qualität des Rekonstrukts variiert mit den zufällig erzeugten Datensätzen β^δ. Auffällig ist das Abflachen von u_k^δ an den Rändern des Definitionsbereichs. Dies liegt zum einen an der Verwendung des Glattheitsmaßes $\|L\alpha\|_2$, wodurch Rekonstrukte u_k^δ mit kleinen Werten $(u_k^\delta)'(t)$ favorisiert werden. Zum anderen liegt es an der Randlage selbst, denn ein manifestes Abweichen der Ableitungswerte $(u_k^\delta)'(t)$ von $u'(t)$ würde zwar mit wachsendem $|h|$ zu wachsenden Abweichungen zwischen $u(t+h)$ und $u_k^\delta(t+h)$, somit auch zu wachsenden Residuenwerten

$A\alpha - \beta^\delta$ führen und damit durch die Optimierung von (4.19) unterbunden werden, doch kommt dies im Randbereich nicht mehr zum Tragen. ◇

Parameterwahl bei stochastischen Messungenauigkeiten

Sehr häufig werden Datenungenauigkeiten in $\beta^\delta \in \mathbb{R}^m$ stochastisch modelliert. Jede Komponente β_i^δ werde als Realisierung einer $(\beta_i, \delta\beta_i^2)$-normalverteilten Zufallsvariable B_i interpretiert. Dann ist

$$Z_i := \frac{B_i - \beta_i}{\delta\beta_i} \sim N(0, 1)$$

standardnormalverteilt und

$$X := \sum_{i=1}^{m} Z_i^2 \quad \text{ist } \chi^2\text{-verteilt mit } m \text{ Freiheitsgraden.}$$

Entsprechend hat X den Erwartungswert m und die Standardabweichung $\sqrt{2m}$. Mit der Gewichtungsmatrix

$$W := \begin{pmatrix} 1/\delta\beta_1 & 0 & \cdots & 0 \\ 0 & 1/\delta\beta_2 & & \vdots \\ \vdots & & \ddots & 0 \\ 0 & \cdots & 0 & 1/\delta\beta_m \end{pmatrix} \quad \text{ist} \quad \|W(\beta^\delta - \beta)\|_2^2 = \sum_{i=1}^{m} \left(\frac{\beta_i^\delta - \beta_i}{\delta\beta_i} \right)^2$$

eine Realisierung von X. In diesem Fall bietet es sich an, α_λ als Minimierer von

$$\|W(\beta^\delta - A\alpha)\|_2^2 + \lambda\|L\alpha\|_2^2 \tag{4.43}$$

zu berechnen und dabei λ nach dem Diskrepanzprinzip von Morozov mit $\delta = \sqrt{m}$ zu bestimmen, also so, dass

$$\|W(\beta^\delta - A\alpha_\lambda)\|_2 = \sqrt{m} . \tag{4.44}$$

Erforderlich ist eine Kenntnis oder Schätzung der Standardabweichungen $\delta\beta_i$ in den einzelnen Messwerten, um die Gewichtsmatrix W bestimmen zu können.

Neben dem Diskrepanzprinzip gibt es weitere Heuristiken, den Regularisierungsparameter λ in (4.29) zu bestimmen, zum Beispiel die **Generalized Cross Validation** [11] oder das **L-Kurven-Kriterium** [14]. Für jedes dieser Kriterien lassen sich Fälle finden, in denen sie bessere Ergebnisse liefern als die jeweils anderen Kriterien, aber keines ist in allen Fällen am besten.

4.3   Iterative Verfahren

Unter der Voraussetzung 4.4 (voller Rang n von $A \in \mathbb{R}^{m,n}$) besitzt das Problem der Minimierung

$$\min_{\alpha \in \mathbb{R}^n} F(\alpha), \quad F(\alpha) := \frac{1}{2} \|\beta^\delta - A\alpha\|_2^2 = \frac{1}{2}(\beta^\delta)^T \beta^\delta - \alpha^T A^T \beta^\delta + \frac{1}{2}\alpha^T A^T A\alpha,$$

eine eindeutige Lösung, die man nicht nur über die Normalengleichungen, die QR-Zerlegung oder die SVD von A, sondern auch mit iterativen Verfahren der Optimierung berechnen kann. Stoppt man solche iterativen Verfahren frühzeitig, so erhält man eine regularisierte Lösung.

Das einfachste Optimierungsverfahren ist das Gradientenverfahren. Dieses wird mit einem Wert $\alpha^0 \in \mathbb{R}^n$, zum Beispiel $\alpha^0 = 0$, gestartet. Dann wird iterativ

$$\alpha^{k+1} := \alpha^k - s_k \nabla F(\alpha^k), \quad k = 0, 1, 2, \dots$$

berechnet, wobei $s_k > 0$ eine zu wählende Schrittweite ist. Bei konstanter Schrittweite $s_k = s$ ergibt sich wegen $\nabla F(\alpha) = A^T A\alpha - A^T \beta^\delta$

$$\alpha^{k+1} = \alpha^k - sA^T(A\alpha^k - \beta^\delta) = (I - sA^T A)\alpha^k + sA^T \beta^\delta. \tag{4.45}$$

Beim Start mit $\alpha^0 = 0$ lautet die k-te Iterierte explizit:

$$\alpha^k = s \sum_{j=0}^{k-1} (I - sA^T A)^j A^T \beta^\delta, \quad k = 1, 2, \dots \tag{4.46}$$

Genauso gut kann man dies in der Form $\alpha^k = R_k \beta^\delta$ schreiben, wobei $(R_k)_{k \in \mathbb{N}}$ eine durch

$$R_k = s \sum_{j=0}^{k-1} (I - sA^T A)^j A^T \; : \; \mathbb{R}^m \to \mathbb{R}^n \tag{4.47}$$

definierte Folge von Operatoren ist. Unter Benutzung der SVD $A = U \Sigma V^T$ ergibt sich nach kurzer Rechnung unter Benutzung der geometrischen Summenformel die Darstellung

$$R_k b = \sum_{i=1}^{n} \frac{[1 - (1 - s\sigma_i^2)^k]}{\sigma_i} \cdot (u_i^T b) \cdot v_i, \quad b \in \mathbb{R}^m. \tag{4.48}$$

Demgegenüber ist

$$A^+ b = \sum_{i=1}^{n} \frac{1}{\sigma_i} \cdot (u_i^T b) \cdot v_i, \quad b \in \mathbb{R}^m.$$

Die Faktoren $1/\sigma_i$ in A^+b werden also modifiziert durch Multiplikation mit $q(k, \sigma_i) = 1 - (1 - s\sigma_i^2)^k$. Unter der Voraussetzung

$$0 < s < \frac{1}{\sigma_1^2} = \frac{1}{\|A\|_2^2} \tag{4.49}$$

gilt $q(k, \sigma) \to 1$ für $k \to \infty$ und alle $0 < \sigma \le \sigma_1 = \|A\|_2$, somit ist

$$\|R_k b - A^+ b\|_2 \to 0 \quad \text{für} \quad k \to \infty \quad \text{und alle} \quad b \in \mathbb{R}^m.$$

Es handelt sich bei $(R_k)_{k \in \mathbb{N}}$ also in der Tat um ein Regularisierungsverfahren zur Berechnung von A^+b, welches unter dem Namen **Landweber-Verfahren** bekannt ist. Weiterhin unter Voraussetzung (4.49) ist $0 < q(k, \sigma) \le 1$ für alle $k \in \mathbb{N}$ und für $0 < \sigma \le \sigma_1$. Mit der Bernoullischen Ungleichung ergibt sich in diesem Fall:

$$1 - (1 - s\sigma^2)^k \le \sqrt{1 - (1 - s\sigma^2)^k} \le \sqrt{1 - (1 - ks\sigma^2)} = \sqrt{ks}\sigma.$$

Benutzt man diese Abschätzung in (4.48), dann bekommt man $\|R_k\|_2 \le \sqrt{ks}$ und infolgedessen

$$\begin{aligned}
\|R_k \beta^\delta - A^+ \beta\|_2 &\le \|R_k \beta^\delta - R_k \beta\|_2 + \|R_k \beta - A^+ \beta\|_2 \\
&\le \sqrt{ks}\|\beta^\delta - \beta\|_2 + \|R_k \beta - A^+ \beta\|_2.
\end{aligned} \tag{4.50}$$

Der zweite Term auf der rechten Seite konvergiert für $k \to \infty$ gegen null und wenn darüber hinaus $\|\beta^\delta - \beta\|_2 \le \delta \to 0$ und $k\delta^2 \to 0$ für $\delta \to 0$ und $k \to \infty$, dann handelt es sich bei $(R_k)_{k \in \mathbb{N}}$ um ein konvergentes Regularisierungsverfahren. Der Iterationsindex übernimmt jetzt die Rolle des Regularisierungsparameters: je größer k, desto besser approximiert R_k den Operator A^+, aber desto mehr werden Datenungenauigkeiten verstärkt. Es fragt sich, wie groß k gewählt werden, wann also die Landweber-Iteration abgebrochen werden soll, um einen möglichst kleinen Gesamtfehler zu erzielen.

Genauere Untersuchungen (siehe Theorem 2.19 in [19]) zeigen, dass man die Iteration stoppen muss, sobald $\|\beta^\delta - A\alpha^k\|_2 \le \tau\delta$ mit einem Parameter $\tau > 1$. Dieses Abbruchkriterium entspricht dem Diskrepanzprinzip.

Aufschlussreich ist folgende alternative Herleitung des Landweber-Verfahrens. Dem Verfahren des steilsten Abstieg mit Startwert 0 zur Minimierung der Funktion $F(\alpha) = \frac{1}{2}\|\beta^\delta - A\alpha\|_2^2$ entspricht als stetiges Analogon das Anfangswertproblem

$$\alpha'(t) = -\nabla F(\alpha(t)) = A^T \beta^\delta - A^T A\alpha(t), \quad \alpha(0) = 0. \tag{4.51}$$

Man macht sich sofort klar, dass das Landweber-Verfahren, das heißt das Gradientenverfahren zur Minimierung von $F(\alpha)$, exakt dem Euler-Verfahren mit konstanter Schrittweite s zur Lösung des Anfangswertproblems (4.51) entspricht. Man kann (4.51) aber auch analytisch lösen. Dazu benutzt man die SVD $A = U\Sigma V^T$ (wie immer wird $A \in \mathbb{R}^{m,n}$ mit

$m \geq n$ und Rang$(A) = n$ vorausgesetzt) und macht die Transformation $y(t) := V^T \alpha(t)$. Dadurch wird (4.51) in n entkoppelte eindimensionale Anfangswertprobleme

$$y_i'(t) + \sigma_i^2 y_i(t) = \sigma_i(u_i^T \beta^\delta), \quad y_i(0) = 0, \quad i = 1, \ldots, n,$$

überführt. Die Rücktransformation von deren Lösung ergibt die Formel

$$\alpha(t) = \sum_{i=1}^{n} \frac{1 - \exp(-\sigma_i^2 t)}{\sigma_i} \cdot (u_i^T \beta^\delta) \cdot v_i \qquad (4.52)$$

für (4.51). Für $t \to \infty$ konvergiert $\alpha(t)$ gegen die eindeutige stationäre Lösung $\hat{\alpha}$ der Differentialgleichung (4.51), nämlich die Lösung der Normalengleichung $A^T A \hat{\alpha} = A^T b$. Für endliche Zeitpunkte $t = T$ stellt $\alpha(T)$, wie es durch (4.52) definiert ist, eine regularisierte Näherung von $\hat{\alpha}$ dar (siehe [17], S. 153).

Wenn die Matrix $A^T A$ einige sehr große Eigenwerte σ_i^2 hat, dann hat die Lösung $\alpha(t)$ einige sehr schnell konvergente (schnell in die stationäre Lösung einschwingende) Komponenten, wie aus (4.52) ersichtlich. In der Numerik bezeichnet man die Differentialgleichung (4.51) dann als „steif". Es ist bekannt, dass bei steifen Differentialgleichungen die über das Euler-Verfahren berechneten Näherungswerte $\alpha^k \approx \alpha(k \cdot s)$ für $k \to \infty$ nur dann gegen die stationäre Lösung $\hat{\alpha}$ konvergieren, wenn die Schrittweite sehr klein gewählt wird. Genau dieses Kriterium taucht folgerichtig bei der Landweber-Iteration wieder auf in Form der Schrittweitenbeschränkung $s < 1/\|A\|_2^2$. Besser geeignet zur numerischen Integration steifer Differentialgleichungen sind implizite Lösungsverfahren, zum Beispiel das implizite Euler-Verfahren mit Schrittweite s. Bei diesem werden Näherungen $\alpha^k \approx \alpha(ks)$, $k \in \mathbb{N}_0$, für die Lösung des Anfangswertproblems (4.51) über die Verfahrensgleichung

$$\alpha^{k+1} = \alpha^k - s \nabla F(\alpha^{k+1}) = \alpha^k + s(A^T \beta^\delta - A^T A \alpha^{k+1}), \quad \alpha^0 = 0,$$

berechnet. Gleichwertig dazu ist die Formulierung

$$(I + s A^T A)\alpha^{k+1} = \alpha^k + s A^T \beta^\delta, \quad \alpha^0 = 0. \qquad (4.53)$$

Beim Newton-Verfahren zur Minimierung von $F(\alpha)$ werden die Iterierten mit der Hessematrix $\nabla^2 F(\alpha) = A^T A$ aus der Vorschrift:

$$\nabla^2 F(\alpha^k)(\alpha^{k+1} - \alpha^k) = -\nabla F(\alpha^k) \quad \Longleftrightarrow \quad A^T A(\alpha^{k+1} - \alpha^k) = A^T \beta^\delta - A^T A \alpha^k$$

bestimmt, woraus man ersieht, dass die zu (4.53) äquivalente Iteration

$$\left(A^T A + \frac{1}{s} I\right)(\alpha^{k+1} - \alpha^k) = A^T \beta^\delta - A^T A \alpha^k$$

eine regularisierte Variante des Newton-Verfahrens darstellt, so wie sie bei den Trust-Region-Newton-Verfahren der Optimierung verwendet wird. Der Zusammenhang zwischen Trust-Region-Verfahren, Regularisierung und der Diskretisierung der Differentialgleichung des steilsten Abstiegs mit dem impliziten Eulerverfahren wurde in [33] festgestellt. Ebenso kann man aus (4.53) die explizite Berechnungsformel

$$\alpha^k = \sum_{j=1}^{k} s(I + sA^T A)^{-j} A^T \beta^\delta, \quad k \in \mathbb{N}, \tag{4.54}$$

ableiten und aus dieser mittels der SVD von A die Darstellung

$$\alpha^k = \sum_{i=1}^{n} \frac{1}{\sigma_i} \underbrace{\left(1 - \frac{1}{(1 + s\sigma_i^2)^k}\right)}_{=: \, q(k, \sigma_i)} \cdot (u_i^T \beta^\delta) \cdot v_i \tag{4.55}$$

gewinnen. Es ist $q(k, \sigma) \to 1$, also $\alpha^k \to \hat{\alpha}$ für alle Werte $s > 0$ und $\sigma > 0$. *Die beim Landweber-Verfahren benötigte Schrittweitenbeschränkung kann nun entfallen.* Mit der Bernoullischen Ungleichung ist weiterhin

$$\left(1 - \frac{s\sigma^2}{1 + s\sigma^2}\right)^k \geq 1 - \frac{ks\sigma^2}{1 + s\sigma^2}$$

für alle Werte $s, \sigma > 0$ und $k \in \mathbb{N}$ und daraus erhält man

$$|q(k, \sigma)| \leq \sqrt{q(k, \sigma)} = \sqrt{1 - \left(1 - \frac{s\sigma^2}{1 + s\sigma^2}\right)^k} \leq \sqrt{\frac{ks\sigma^2}{1 + s\sigma^2}} \leq \sqrt{ks}\sigma.$$

Hieraus leitet man genau wie beim Landweber-Verfahren ab, dass die Berechnung der α^k gemäß (4.53) einem konvergenten Regularisierungsverfahren entspricht.

4.4 Regularisierung von Fourier-Rekonstruktionen

Inversion von Faltungsgleichungen

In Abschn. 3.4 wurde ein auf der diskreten Fouriertransformation basierendes Verfahren zur Berechnung einer Näherung u_n der Lösung u der Faltungsgleichung

$$w(t) = \int_{-\infty}^{\infty} g(t - s)u(s)\, ds, \quad u, g, w \in H_0^1(-a, a),$$

angegeben. Knapp zusammengefasst lautet dieses Verfahren

$$\{\beta_j = w(t_j)\}_j \; \circ\!\!-\!\!\bullet \; \{B_k\}_k, \quad \left\{A_k = \frac{B_k}{\hat{g}(k/2a)}\right\}_k, \quad \{A_k\}_k \; \bullet\!\!-\!\!\circ \; \{\alpha_j = u_n(t_j)\}_j,$$

(4.56)

wobei hier natürlich die diskrete (inverse) Fouriertransformation gemeint ist. Im Folgenden wird abkürzend

$$G_k := \hat{g}\left(\frac{k}{2a}\right), \quad k = -\frac{n}{2}, \dots, \frac{n}{2} - 1,$$

gesetzt. Aufgrund von Messabweichungen werden nicht exakte Werte $\beta_j = w(t_j)$, sondern Werte β_j^δ beobachtet, interpretierbar als exakte Funktionswerte eines Polygonzugs
$w_n^\delta := \sum_j \beta_j^\delta B_2(\bullet/h - j)$. Dabei sei der Fehler

$$\sum_{j=-n/2}^{n/2-1} \left|\beta_j - \beta_j^\delta\right|^2 = \delta^2$$

(4.57)

oder wenigstens ein Näherungswert für diesen bekannt. Entsprechend erhält man nach
dem ersten Schritt von (4.56) verfälschte Werte B_k^δ statt B_k. Je öfter der Faltungskern g
stetig differenzierbar ist, desto schneller fallen die Werte $|G_k|$ für $|k| \to \infty$ gegen null ab.
Eine Berechnung $A_k^\delta := B_k^\delta/G_k$ führt dann zu unbrauchbaren Ergebnissen. Entsprechend
der Tikhonov-Regularisierung wird A_k^δ alternativ so bestimmt, dass

$$\sum_{k=-n/2}^{n/2-1} \left|B_k^\delta - A_k^\delta G_k\right|^2 + \lambda \sum_{k=-n/2}^{n/2-1} \left|A_k^\delta\right|^2$$

für einen noch zu wählenden Regularisierungsparameter $\lambda \geq 0$ minimal wird. Die Minimierung kann für jeden Index k separat durchgeführt werden. Eine kurze Rechnung zeigt

$$\left|B_k^\delta - A_k^\delta G_k\right|^2 + \lambda \left|A_k^\delta\right|^2 =$$

$$= \left(\lambda + |G_k|^2\right) \left|A_k^\delta - \frac{B_k^\delta \overline{G_k}}{\lambda + |G_k|^2}\right|^2 + \left|B_k^\delta\right|^2 - \frac{\left|B_k^\delta \overline{G_k}\right|^2}{\lambda + |G_k|^2}$$

und dieser Ausdruck wird in Bezug auf A_k^δ minimal genau dann, wenn

$$A_k^\delta = \frac{B_k^\delta \overline{G_k}}{\lambda + |G_k|^2}, \quad k = -\frac{n}{2}, \dots, \frac{n}{2} - 1,$$

(4.58)

gewählt wird. Offen ist noch die Festlegung von λ, die nach dem Prinzip von Morozov
erfolgen soll. Dazu ist eine Umrechnung des bekannten Fehlers in den Werten β_j^δ auf einen

Fehler in den Werten B_k^δ nötig. Man erhält mit (4.57) näherungsweise

$$
\delta^2 \ = \ \frac{1}{h} \cdot h \cdot \sum_{j=-n/2}^{n/2-1} \left| \beta_j - \beta_j^\delta \right|^2 \overset{(3.45)}{\approx} \frac{1}{h} \int_{-\infty}^{\infty} \left| w_n(t) - w_n^\delta(t) \right|^2 dt
$$

$$
\overset{(1.24)}{=} \frac{1}{h} \int_{-\infty}^{\infty} \left| \widehat{w_n}(\nu) - \widehat{w_n^\delta}(\nu) \right|^2 d\nu \approx \frac{1}{h} \cdot \frac{1}{2a} \cdot \sum_{k=-n/2}^{n/2-1} \left| \widehat{w_n}\left(\frac{k}{2a}\right) - \widehat{w_n^\delta}\left(\frac{k}{2a}\right) \right|^2
$$

$$
\overset{(3.46)}{=} n \sum_{k=-n/2}^{n/2} (\tau_k)^2 \left| B_k - B_k^\delta \right|^2 .
$$

$$(4.59)$$

Nach dem Diskrepanzprinzip ist demnach λ so zu wählen, dass für die gemäß (4.58) definierten (von λ abhängigen) Werte A_k^δ

$$
S(\lambda) := n \sum_{k=-n/2}^{n/2-1} \tau_k^2 \left| A_k^\delta G_k - B_k^\delta \right|^2 = n \sum_{k=-n/2}^{n/2-1} \tau_k^2 \left| B_k^\delta \right|^2 \left(\frac{\lambda}{\lambda + |G_k|^2} \right)^2 = \delta^2
$$

gilt. Diese nichtlineare Gleichung kann mit dem Newton-Verfahren gelöst werden. Günstiger ist es ([17], S. 141), mit $\mu := 1/\lambda$ die Funktion $T : (0, \infty) \to \mathbb{R}$, gegeben durch

$$
T(\mu) := S(\lambda) = n \sum_{k=-n/2}^{n/2-1} \tau_k^2 \left| B_k^\delta \right|^2 \left(\frac{1}{1 + \mu |G_k|^2} \right)^2 \tag{4.60}
$$

zu betrachten. Die Funktion T ist, wie man durch Berechnung der ersten beiden Ableitungen leicht überprüft, monoton fallend und konvex, so dass das Newton-Verfahren zur Lösung der Gleichung

$$
T(\mu) = \delta^2 \in \left(0, \ \underbrace{n \cdot \sum_{k=-n/2}^{n/2-1} \tau_k |B_k^\delta|^2}_{\approx \|\beta\|_2^2} \right) \tag{4.61}
$$

monoton konvergiert. Zur Illustration wird ein weiteres Mal das Beispiel der Kanalschätzung aufgegriffen.

Beispiel 4.10 (Signalentzerrung durch Fourier-Inversion) Die Gleichung

$$
w(t) = \int_{-\infty}^{\infty} g(t-s)u(s)\, ds \tag{4.62}
$$

Abb. 4.4 Fourier-Inversion von (4.62) bei $n = 256$ gemessenen Funktionswerten von w

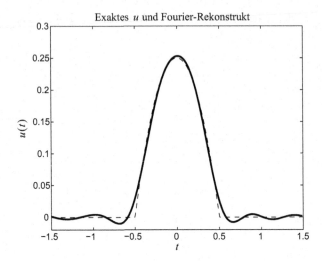

ist nach u aufzulösen. Wiederum sei wie in Beispiel 3.16 ([25], S. 340)

$$g : \mathbb{R} \to \mathbb{R}, \quad t \mapsto g(t) = e^{-10t^2}.$$

Dieser Faltungskern hat zwar keinen kompakten Träger, wie es in Abschn. 3.4 unterstellt wurde, fällt aber so schnell gegen null ab, dass es der Kompaktheitsbedingung praktisch gleichkommt. Es sei nun w so gewählt, dass

$$u : \mathbb{R} \to \mathbb{R}, \quad t \mapsto \begin{cases} \left(\frac{1}{2} + t \right) \left(\frac{1}{2} - t \right), & -\frac{1}{2} \le t \le \frac{1}{2} \\ \\ 0, & \text{sonst} \end{cases} \tag{4.63}$$

die exakte Lösung von (4.62) ist. Die Fourier-Inversion wird für $a = \frac{3}{2}$ mit dem Parameter $n = 256$ durchgeführt, als gestörte Wirkung wird

$$w^\delta(t) = w(t) + 0{,}0001 \cdot \sin(10t)$$

verwendet und δ entsprechend gesetzt. In Abb. 4.4 werden die exakte Lösung u und das (gute) Rekonstrukt u_n gezeigt. Der Versuch einer nicht regularisierten Rekonstruktion führt hingegen zu Überläufen bei der Computer-Rechnung. $\diamond$

Inversion der Radontransformation

Für die Fourier-Inversion der Radontransformation wurde bereits in Abschn. 3.4 ein Algorithmus angegeben. Diesem Algorithmus wird jetzt eine regularisierende Komponente hinzugefügt, die Multiplikation der Werte

$$\hat{g}_j(\sigma) = \widehat{R_{\varphi_j}}(\sigma), \quad j = 0, \dots, p-1,$$

der Fouriertransformierten von $g_j = R_{\varphi_j} f$ mit einer Funktion

$$\hat{F} : \mathbb{R} \to \mathbb{R}, \quad \sigma \mapsto \hat{F}(\sigma), \quad \text{mit} \quad \hat{F}(\sigma) = 0 \text{ für } |\sigma| \geq q.$$

Dem entspricht die Faltung des Signals g_j mit der inversen Fouriertransformierten F von $\hat{F}$. Eine Funktion h, deren Fouriertransformierte außerhalb eines Intervalls $[-W/2, W/2]$ gleich null ist, heißt **bandbeschränkt** und die Zahl W heißt dann die **Bandbreite** von h. Da $\text{supp}(\hat{F}) \subseteq [-q, q]$, ist F eine bandbeschränkte Funktion mit Bandbreite $W = 2q$. Ein Effekt der Multiplikation von $\hat{g}_j$ mit $\hat{F}$ (oder äquivalent der Faltung von g_j mit F) ist es, dass alle in g_j vorkommenden Frequenzen größer als q Hertz eliminiert werden – man nennt dies eine **Tiefpassfilterung**. Mit dieser hat es zweierlei Bewandtnis. Zum einen lehrt das hier nicht behandelte Abtasttheorem der Signalverarbeitung (siehe zum Beispiel [26], S. 56), dass hochfrequente Anteile $\hat{f}(\sigma)$, $|\sigma| \geq q$, bei der Darstellung der Funktion f durch Abtastwerte $f(h\alpha)$, $\alpha \in W$, mit $h = 1/q$ nicht korrekt wiedergegeben werden können. Zum anderen ist bekannt, dass die Werte der Fouriertransformierten $\hat{g}_j(\sigma)$ von g_j mit wachsendem $|\sigma|$ gegen null abfallen, während die durch Messabweichungen bedingten Fehler in den Werten $g_j(\sigma)$ in der Regel auch sehr hochfrequente Anteile aufweisen – je größer also σ, umso stärker sind die Werte $\hat{g}_j(\sigma)$ durch Fehler beeinflusst. Ohne weitere Diskussion übernehmen wir folgenden Vorschlag von Natterer (siehe [26], S. 127) für die Wahl von $\hat{F}$:

$$\hat{F}(\sigma) := \begin{cases} \cos^2(\pi\sigma/2q), & |\sigma| < q \\ 0, & |\sigma| \geq q \end{cases} \tag{4.64}$$

Zum Test wurde die Fourier-Inversion der Radontransformation an einem häufig benutzten Referenzbeispiel erprobt, dem sogenannten **Shepp-Logan-Phantom**.

Beispiel 4.11 (Rekonstruktion des Shepp-Logan-Phantoms) Links in Abb. 4.5 wird als Grauwertebild eine durch eine Funktion $f : D \to \mathbb{R}$ gegebene, zu rekonstruierende Dichteverteilung gezeigt, das Shepp-Logan-Phantom. Zwischen den beiden Randellipsen nimmt f den konstanten Wert 2 an, außerhalb der äußeren Ellipse den Wert 0 und im Innenbereich Werte zwischen 1,0 und 1,04. Eine exakte Definition des Shepp-Logan-Phantoms findet sich etwa in [18], S. 53. Die Farbgebung ist wie folgt: Funktionswerte größer als 1,06 werden weiß (Graustufenintensität 1), Funktionswerte kleiner als 0,98 werden schwarz (Graustufenintensität 0) wiedergegeben, alle Funktionswerte dazwischen werden linear in eine Graustufenintensität zwischen 0 und 1 umgerechnet. Längs der ebenfalls eingezeichneten horizontalen Schnittlinie werden in der folgenden Abb. 4.6 die Funktionswerte von f als Graph einer unstetigen Funktion gezeichnet (gestrichelte Linie). Rechts in Abb. 4.5 ist das Ergebnis der Fourier-Rekonstruktion für $p = 800$ und $q = 256$

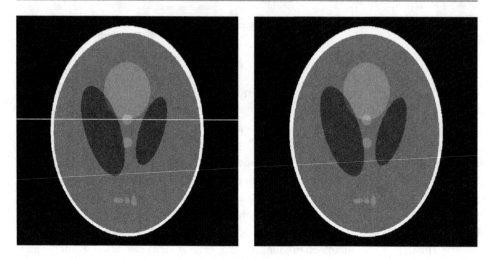

Abb. 4.5 Exaktes Shepp-Logan-Phantom und Fourier-Rekonstruktion

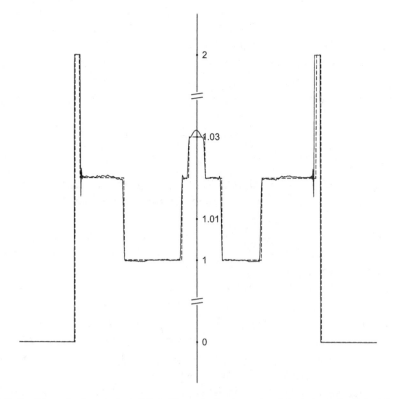

Abb. 4.6 Exakte und rekonstruierte Werte längs des horizontalen Schnitts wie in Abb. 4.5

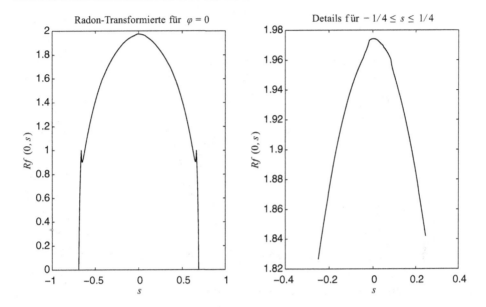

Abb. 4.7 Radon-Transformierte des Shepp-Logan-Phantoms für $\varphi = 0$

mit Filter (4.64) und Skalierungsfaktor $N = 4$ (siehe Abschn. 3.4) zu sehen. Offenbar ist die Rekonstruktionsqualität sehr gut. In Abb. 4.6 sind die rekonstruierten Werte von f längs der Schnittlinie aus Abb. 4.5 als Funktionsgraph gezeichnet (durchgezogene Linie). Wiederum erkennt man die gute Übereinstimmung mit den exakten Werten.

Weiterhin werden links in Abb. 4.7 die Werte der Radon-Transformierten $Rf(0, \bullet)$ (also für den Winkel $\varphi = 0$) als Funktionsgraph gezeigt. Rechts in Abb. 4.7 findet sich ein Detailausschnitt hierzu, nämlich die Messwerte $Rf(0, s)$ für $-1/4 \leq s \leq 1/4$. In der Detailansicht zeigen sich Scharten im Graphen von $Rf(0, \bullet)$, die durch Sprünge in den Funktionswerten von f verursacht werden und deren Kenntnis wesentlich für eine korrekte Rekonstruktion ist. In Abb. 4.8 (links) wird der Einfluss von Messabweichungen auf die Radon-Transformierte $Rf(0, \bullet)$ gezeigt. Diese Abweichung wurden als sogenanntes „Quantenrauschen" im Detektor des CT-Scanners modelliert, genau wie in [18], Abschn. 5.2.2 beschrieben, wobei vereinfachend angenommen wurde, dass pro Röntgenstrahl eine konstante Zahl von $4 \cdot 10^5$ Photonen über die gesamte Belichtungszeit emittiert werden. Dies führte im Beispiel zu einem Signal-Rausch-Verhältnis von circa 25,7 dB.[5] Sichtlich werden die besagten Scharten von $Rf(0, \bullet)$ durch die Messabweichungen völlig verdeckt. In Abb. 4.9 (links) wird das Ergebnis der Rekonstruktion des Shepp-Logan-Phantoms aus gestörten Messwerten gezeigt. Die Messabweichungen verstärken sich im Ergebnis, wie bei einem schlecht gestellten Problem zu erwarten. Man

---

[5] Definition: $SNR = 10 \cdot \log_{10} \left(\dfrac{\text{mittlere Signalamplitude}}{\text{Standardabweichung des Rauschens}} \right)$ [dB]

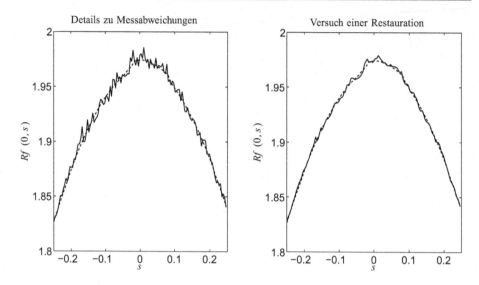

Abb. 4.8 Messabweichungen bei der Radon-Transformierten

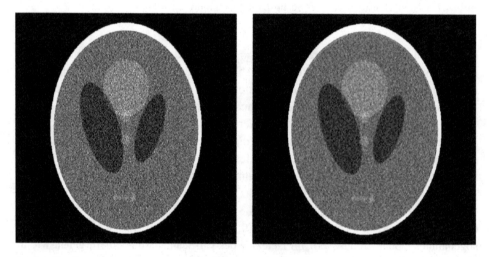

Abb. 4.9 Fourier-Rekonstruktionen mit gestörten Messdaten

kann versuchen, vor einer Rekonstruktion die wahren Werte $Rf(\varphi_j, s_l)$ aus den gestörten Daten zurückzugewinnen. Ein nicht besonders erfolgreicher Versuch hierzu wird in Abb. 4.8 beziehungsweise Abb. 4.9, jeweils rechts, gezeigt.[6] Die Schwierigkeit einer

---

[6] Die Methode besteht im Groben darin, die Messwerte $Rf(\varphi_j, s_l)$ so zu transformieren, dass die transformierten Fehler eine Gaußverteilung konstanter Varianz aufweisen [Anscombe-Transformation] und dann durch lokale, gewichtete Mittelbildung zu glätten.

Restaurierung der ungestörten Messwerte besteht darin, dass der Graph von Rf keine glattpolierte, sondern eine schartige Fläche darstellt. Scharten von Rauschen zu unterscheiden ist jedoch schwierig. Man müsste dazu vorab wissen, wie ein Graph von Rf auszusehen hat, um diesen Graphen in verrauschten Daten wiederzufinden. Eine pauschale „Glattheitseigenschaft" reicht hier nicht mehr. $\diamond$

Regularisierung nichtlinearer inverser Probleme

5

In diesem Kapitel wird ein repräsentatives Beispiel eines nichtlinearen inversen Problems vorgestellt und gelöst. Die bei der Lösung vollzogenen Schritte orientieren sich am linearen Fall mit dem wesentlichen Unterschied, dass die Diskretisierung nun auf ein *nichtlineares* Ausgleichsproblem führt.

5.1 Parameteridentifikation bei Differentialgleichungen

Zum direkten Problem, ein Anfangs- oder Randwertproblem für eine Differentialgleichung (oder ein System von Differentialgleichungen) zu lösen gehört als inverses Problem die Aufgabe, aus der bekannten Lösung auf die Koeffizienten(funktion) der Differentialgleichung zu schließen. Diese Fragestellung tritt zum Beispiel in der medizinischen Bildgebung in der **Elastographie** auf.

Beispiel 5.1 (Elastographie) Elastizität ist eine charakteristische Eigenschaft von Gewebe. Häufig unterscheiden sich Tumore in ihrer Elastizität von gesundem Gewebe. Elastographie, die bildliche Darstellung der Elastizität von Gewebe, ist deswegen von Bedeutung in der medizinischen Diagnostik. Das zu untersuchende Gewebe nehme einen als Gebiet $G \subseteq \mathbb{R}^3$ modellierten Raum ein, seine Elastizität entspreche einer Funktion $E : G \to \mathbb{R}$. Durch Anwendung einer bekannten äußeren Kraft lässt sich G deformieren, die Deformation werde durch eine Funktion $u : G \to \mathbb{R}^3$ (Verschiebungsvektor) beschrieben. Bei bekanntem E ist u als Lösung eines (elliptischen) Randwertproblems gegeben, E tritt als Koeffizientenfunktion auf. Schätzt man umgekehrt u in Unkenntnis von E, zum Beispiel durch Vergleich von Ultraschallbildern des Gewebes vor und nach der Deformation und fragt dann nach E, dann handelt es sich um das zum Lösen des Randwertproblems inverse Parameteridentifikationsproblem. ◇

© Springer-Verlag Berlin Heidelberg 2015
M. Richter, *Inverse Probleme*, Mathematik im Fokus, DOI 10.1007/978-3-662-45811-2_5

Im folgenden Beispiel geht es um eine vereinfachte eindimensionale Variante des Elastographieproblems.

Beispiel 5.2 (Parameteridentifikation für ein Randwertproblem) Es seien $G := (0, 1) \subseteq \mathbb{R}$ und $\overline{G} = [0, 1]$. Es seien $f \in C[0, 1]$ und

$$a \in \mathbb{U} := \{g \in C^1[0, 1]; \ g(x) \geq a_0 > 0 \text{ für alle } x \in \overline{G}\}. \tag{5.1}$$

Ein Randwertproblem sei gegeben durch folgende Differentialgleichung und Randbedingungen

$$-(a(x)u'(x))' = f(x), \quad x \in G,$$
$$u(0) = 0, \quad u(1) = 0. \tag{5.2}$$

Es ist bekannt, dass dieses Randwertproblem unter Bedingung (5.1) eine eindeutig bestimmte Lösung $u \in C^2[0, 1]$ besitzt, welche beispielsweise mit Hilfe der Greenschen Funktion beschrieben werden kann, siehe etwa Abschn. 2.2 in [20]. Für

$$f \in C[0, 1] \quad \text{und} \quad \mathbb{W} := \{u \in C^2[0, 1]; \ u(0) = 1 = u(1)\}$$

ist somit der Operator

$$T : \mathbb{U} \to \mathbb{W}, \quad a \mapsto u, \quad u \text{ Lösung von (5.2)},$$

definiert.[1] Es fragt sich, ob T injektiv ist, denn nur dann ist die Identifikation einer Funktion a möglich, welche zu einer gegebenen Lösung u von (5.2) gehört. Integration von (5.2) zeigt

$$a(x)u'(x) = -\int_\xi^x f(t) \, dt + \eta \quad \text{mit} \quad \xi \in [0, 1], \ \eta = a(\xi)u'(\xi). \tag{5.3}$$

Aus dieser Identität lässt sich schlussfolgern:

(1) T ist *nicht* injektiv. An einer Stelle ξ mit $u'(\xi) \neq 0$ lässt sich $a(\xi) = \eta/u'(\xi)$ frei wählen. Dies steht im Einklang damit, dass (5.2) eine Differentialgleichung 1. Ordnung für a ist, deren allgemeine Lösung bekanntlich eine freie Integrationskonstante enthält.
(2) a hängt *nichtlinear* von u ab.
(3) An Stellen x mit $u'(x) = 0$ (und solche Stellen muss es bei den vorgegebenen Randwerten der Lösung u von (5.2) geben), ist die Berechnung von $a(x)$ unendlich schlecht konditioniert.

Es ist nicht empfehlenswert, die Formel (5.3) zur Berechnung von a zu benutzen, insbesondere dann nicht, wenn nur endlich viele Messwerte von u zur Verfügung stehen. Dann

---

[1] Es ist üblich, die Lösung von Differentialgleichungen mit u zu bezeichnen. Im Jargon der vorangegangenen Kapitel stellt die Lösung u von (5.2) eine Wirkung dar und wäre mit w zu bezeichnen, während a die Ursache dieser Wirkung ist und mit u zu bezeichnen wäre.

ist bereits die numerische Berechnung von u' problematisch und dabei gemachte Fehler könnten bei Auflösung von (5.3) nochmals verstärkt werden. $\diamond$

5.2 Diskretisierung des Parameteridentifikationsproblems

Die im Kap. 3 präsentierte Idee, Näherungslösungen einer Operatorgleichung in Unterräumen endlicher Dimension zu suchen, wird auch bei der Lösung von Differentialgleichungen benutzt und heißt dort **Methode der Finiten Elemente**. Diese Methode wird jetzt nur für das eine Beispiel 5.2 besprochen.

Beispiel 5.3 (Parameteridentifikation, Teil 2) Multiplikation der Differentialgleichung (5.2) mit einer Funktion $\varphi \in C_0^1(0, 1)$ (siehe (1.14)) und anschließende Integration liefert

$$\int_0^1 -(a(x)u'(x))'\varphi(x)\, dx = \int_0^1 f(x)\varphi(x)\, dx.$$

Mit partieller Integration erhält man unter Benutzung von $\varphi(0) = 0 = \varphi(1)$:

$$\int_0^1 a(x)u'(x)\varphi'(x)\, dx = \int_0^1 f(x)\varphi(x)\, dx \quad \text{für alle} \quad \varphi \in C_0^1(0, 1).$$

Diese Gleichung ist auch dann noch sinnvoll, wenn man die Glattheitsbedingungen an die beteiligten Funktionen abschwächt und lediglich noch $f \in L_2(0, 1)$ und $u, \varphi \in H_0^1(0, 1)$ fordert (siehe (1.20)). Von a sei bloß noch stückweise Stetigkeit (vergleiche Voraussetzung 1.7) verlangt, jedoch weiterhin $a(x) \geq a_0 > 0$ für $x \in \overline{G}$ vorausgesetzt. Unter den genannten Voraussetzungen an a und f werde nun ein $u \in H_0^1(0, 1)$ gesucht, welches

$$\int_0^1 a(x)u'(x)\varphi'(x)\, dx = \int_0^1 f(x)\varphi(x)\, dx \quad \text{für alle} \quad \varphi \in H_0^1(0, 1) \qquad (5.4)$$

erfüllt. In Abschn. 2.3 von [20] wird bewiesen, dass eine eindeutige Lösung $u \in H_0^1(0, 1)$ von (5.4) existiert. Man nennt (5.4) **schwache Form der Differentialgleichung** (5.2), weil jede Lösung u von (5.2) eine von (5.4) ist. Umgekehrt muss unter den genannten schwachen Voraussetzungen an a und f zwar stets eine eindeutige Lösung von (5.4) existieren, die dann aber nicht in $C^2[0, 1]$ zu liegen und deswegen keine Lösung von (5.2) zu sein braucht. Wenn allerdings a und f die Stetigkeitsvoraussetzungen wie in Beispiel 5.2 erfüllen, dann existiert eine Lösung von (5.2) und stimmt mit der von (5.4) überein.

Zur Diskretisierung von (5.4) werden die in Abschn. 3.1 zu den Parametern

$$n \in \mathbb{N}, n \geq 2, \quad h := \frac{1}{n}, \quad x_j := jh, \quad j = 0, \ldots, n,$$

eingeführten linearen Räume

$$X_n := S_1(x_0, \ldots, x_n), \quad Y_n := S_2(x_0, \ldots, x_n)$$

von Splines des Grads 1 beziehungsweise 2 mit Knoten $x_0, \ldots, x_n$ benutzt. Eine stückweise stetige Funktion a werde durch ein $a_h \in X_n$ approximiert, also

$$a(x) \approx a_h(x) := \sum_{j=0}^{n-1} \alpha_j N_{j,1}(x), \quad \alpha_j \in \mathbb{R}, \ j = 0, \ldots, n-1, \tag{5.5}$$

mit den in (3.2) eingeführten Basisfunktionen $N_{j,1}$ von X_n. Ebenso werde die vorgegebene Funktion f approximiert durch f_h mit

$$f(x) \approx f_h(x) := \sum_{j=0}^{n-1} f(x_j) N_{j,1}(x), \tag{5.6}$$

und $u \in H_0^1(0, 1)$ (Randwerte sind 0) werde durch ein $u_h \in Y_n$ approximiert mit

$$u(x) \approx u_h(x) := \sum_{j=1}^{n-1} \upsilon_j N_{j,2}(x), \quad \upsilon_j \in \mathbb{R}, \ j = 1, \ldots, n-1. \tag{5.7}$$

Die diskretisierte Version von (5.4) lautet für $\varphi = N_{i,2} \in H_0^1(0, 1)$, $i = 1, \ldots, n-1$:

$$\sum_{j=1}^{n-1} \upsilon_j \left(\int_0^1 a_h(x) N_{j,2}'(x) N_{i,2}'(x) \, dx \right) = \underbrace{\int_0^1 f_h(x) N_{i,2}(x) \, dx}_{=: \, \beta_i}, \quad i = 1, \ldots, n-1. \tag{5.8}$$

Beim direkten Problem ist a bekannt und man setzt $\alpha_j := a(x_j)$, $j = 0, \ldots, n-1$. Das lineare Gleichungssystem (5.8) wird kompakt geschrieben in der Form

$$A\upsilon = \beta, \quad \upsilon := (\upsilon_1, \ldots, \upsilon_{n-1})^T \in \mathbb{R}^{n-1}, \quad \beta := (\beta_1, \ldots, \beta_{n-1})^T \in \mathbb{R}^{n-1}. \tag{5.9}$$

Für die von $\alpha := (\alpha_0, \ldots, \alpha_{n-1})^T \in \mathbb{R}^n$ abhängige Matrix ergibt sich nach kurzer Rechnung

$$A = \begin{pmatrix} (\alpha_0 + \alpha_1)/h & -\alpha_1/h & 0 & \cdots & 0 \\ -\alpha_1/h & (\alpha_1 + \alpha_2)/h & -\alpha_2/h & & \vdots \\ 0 & \ddots & \ddots & \ddots & 0 \\ \vdots & & \ddots & \ddots & -\alpha_{n-2}/h \\ 0 & \cdots & 0 & -\alpha_{n-2}/h & (\alpha_{n-2} + \alpha_{n-1})/h \end{pmatrix}.$$

$$\tag{5.10}$$

A ist symmetrisch, tridiagonal und positiv definit, so dass (5.9) eine eindeutige Lösung υ besitzt, welche die Näherung u_h von u gemäß (5.7) definiert. Beim inversen Problem ist umgekehrt $u \in H_0^1(0,1)$ bekannt und man setzt $\upsilon_j := u(x_j)$, $j = 1, \dots, n-1$. Das diskretisierte inverse Problem besteht darin, bei bekannten Vektoren υ und β den Vektor $\alpha \in \mathbb{R}^n$ so zu finden, dass $A\upsilon = A(\alpha)\upsilon = \beta$ oder äquivalent $\upsilon = A(\alpha)^{-1}\beta$ erfüllt ist. Zur Abkürzung seien der zulässige Bereich

$$D := \{\alpha = (\alpha_0, \dots, \alpha_{n-1})^T \in \mathbb{R}^n; \ \alpha_j \geq a_0, \ j = 0, \dots, n-1\} \subseteq \mathbb{R}^n \tag{5.11}$$

und die Funktion

$$\Phi : D \to \mathbb{R}^{n-1}, \quad \Phi(\alpha) := A(\alpha)^{-1}\beta \tag{5.12}$$

definiert. Gesucht ist eine Lösung des *nichtlinearen* Gleichungssystems $\Phi(\alpha) = \upsilon$. Da das Parameteridentifikationsproblem, wie in Beispiel 5.2 festgestellt, nur dann eine eindeutige Lösung besitzt, wenn ein Wert $a(\xi)$ festgeschrieben wird, wird zusätzlich gefordert, dass $\alpha_0 = \alpha_0^*$ mit einem vorgegebenen Wert α_0^*. Dies führt auf die Erweiterungen

$$\Phi^* : D \to \mathbb{R}^n, \quad \Phi^*(\alpha) := \begin{pmatrix} \Phi(\alpha) \\ \alpha_0 \end{pmatrix} \quad y := \begin{pmatrix} \upsilon \\ \alpha_0^* \end{pmatrix} \tag{5.13}$$

und die Forderung, das nichtlineare Gleichungssystem

$$\Phi^*(\alpha) = y, \quad \alpha \in D, \tag{5.14}$$

zu lösen. Man kann (5.14) unter Benutzung von (5.10) als gestaffeltes Gleichungssystem zur Berechnung von α bei gegebenem υ schreiben, nämlich (mit $\upsilon_n := 0$)

$$
\begin{aligned}
\alpha_0 &= \alpha_0^* \\
\alpha_1(\upsilon_1 - \upsilon_2) &= h\beta_1 - \alpha_0\upsilon_1 \\
\alpha_2(\upsilon_2 - \upsilon_3) &= h\beta_2 + \alpha_1(\upsilon_1 - \upsilon_2) \\
&\vdots \\
\alpha_{n-2}(\upsilon_{n-2} - \upsilon_{n-1}) &= h\beta_{n-1} + \alpha_{n-3}(\upsilon_{n-3} - \upsilon_{n-2}) \\
\alpha_{n-1}(\upsilon_{n-1} - \upsilon_n) &= h\beta_{n-1} + \alpha_{n-2}(\upsilon_{n-2} - \upsilon_{n-1}).
\end{aligned}
\tag{5.15}
$$

Eine Lösung dieses Gleichungssystems existiert (für $y \in \Phi^*(D)$), jedoch ist ein Wert α_j nicht eindeutig bestimmt, wenn $\upsilon_j - \upsilon_{j+1} = 0$. Dies entspricht der im kontinuierlichen Fall bei $u'(x) = 0$ auftretenden Schwierigkeit. Gleichwertig zu (5.14) ist es, das **nichtlineare Ausgleichsproblem**

$$\min\left\{\|\Phi^*(\alpha) - y\|_2^2; \ \alpha \in D\right\} \tag{5.16}$$

zu lösen. Dieses nichtlineare Ausgleichsproblem kann auch für $\upsilon \notin \Phi(D)$ eine Lösung besitzen, was bei (5.15) natürlich nicht mehr der Fall ist. Zur Illustration folgt ein Zahlen-

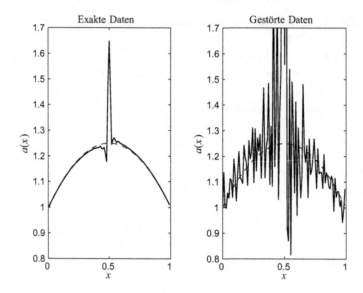

Abb. 5.1 Unregularisierte Rekonstruktion einer Koeffizientenfunktion

beispiel. Zu vorgegebenen Funktionen

$$a(x) = x(1-x) + 1, \quad u(x) = \sin(\pi x), \quad 0 \le x \le 1,$$

wurde f so bestimmt, dass (5.2) erfüllt ist. Zu bekanntem u und f wurde dann mittels der beschriebenen Diskretisierungen α beziehungsweise a_h als Näherung von a über die Lösung des nichtlinearen Ausgleichsproblems (5.16) berechnet (technische Details hierzu in Abschn. 5.4). Abbildung 5.1 zeigt das erzielte Resultat zu exakten Daten $u(x_j)$ (links) sowie zu gestörten Daten $u(x_j) + \eta_j$ mit $N(0, \sigma^2)$-verteilten Zufallszahlen η_j, $\sigma = 10^{-3}$ (rechts). Wie erwartet kommt es insbesondere dort zu Schwierigkeiten, wo u' verschwindet, nämlich bei $x = 1/2$. ◇

5.3 Tikhonov-Regularisierung nichtlinearer Ausgleichsprobleme

Zuerst werden einige theoretische Ergebnisse präsentiert, die alle aus der Arbeit [9] stammen. Diese werden anschließend auf das schon eingeführte Beispiel der Parameteridentifikation angewendet.

Durch Diskretisierung lässt sich ein nichtlineares inverses Problem näherungsweise in ein nichtlineares Gleichungssystem umwandeln:

$$F(x) = y, \quad F : D \subseteq \mathbb{R}^n \to \mathbb{R}^m, \quad x \in D, \quad y \in \mathbb{R}^m. \tag{5.17}$$

Es wird vorausgesetzt, dass (5.17) mindestens eine Lösung $\hat{x}$ besitzt. So wie schon im linearen Fall bewirken Messabweichungen, dass nur eine Näherung y^δ von y zur Verfügung steht mit

$$\| y - y^\delta \|_2 \le \delta, \quad \delta > 0 \text{ bekannt}. \tag{5.18}$$

Das Gleichungssystem $F(x) = y^\delta$ besitzt eventuell keine Lösung mehr und man kann ersatzweise das **nichtlineare Ausgleichsproblem**

$$\text{Minimiere} \quad \| F(x) - y^\delta \|_2, \quad x \in D, \tag{5.19}$$

betrachten. Auch dieses besitzt nur unter zusätzlichen Voraussetzungen an D und F eine Lösung. Selbst wenn eine solche existiert, muss sie nicht eindeutig sein und überdies kann sie selbst bei kleinem δ sehr weit von $\hat{x}$ entfernt liegen (sehr schlecht konditioniert sein), so wie es in Beispiel 5.3 der Fall war. Es bietet sich dann an, ein $\tilde{x} \in D$ zu suchen, welches lediglich $\| F(\tilde{x}) - y^\delta \|_2 \le \delta$ erfüllt (statt den Abstand $\| F(x) - y^\delta \|_2$ zu minimieren), dafür aber zusätzliche erwünschte Eigenschaften hat, die es näher an das gesuchte $\hat{x}$ heranrücken. Dies führt auf das folgende nichtlineare Analogon der Tikhonov-Regularisierung linearer Ausgleichsprobleme:

$$\text{Minimiere} \quad Z_\lambda(x) := \| F(x) - y^\delta \|_2^2 + \lambda \| Lx \|_2^2, \quad x \in D, \tag{5.20}$$

mit einer Matrix $L \in \mathbb{R}^{p,n}$ und einem (geeigneten) $\lambda \ge 0$. Oft werden die Matrizen L so gewählt, dass Lx einer ersten oder zweiten Ableitung der durch den Vektor x repräsentierten Funktion entspricht und so wird es auch beim später folgenden Beispiel 5.7 sein. Dann ist jedoch die Abbildung $\mathbb{R}^n \to \mathbb{R}$, $x \mapsto \| Lx \|_2$ nur eine Halbnorm (sie ist nicht positiv definit). Einfacher zu untersuchen ist der Fall $L = I_n \in \mathbb{R}^{n,n}$ (Einheitsmatrix), der wie folgt ein wenig verallgemeinert wird. Für $\lambda > 0$ sei das Problem

$$\text{Minimiere} \quad T_\lambda(x) := \| F(x) - y^\delta \|_2^2 + \lambda \| x - x^* \|_2^2, \quad x \in D, \tag{5.21}$$

zu lösen. Optimierungsziel ist es also, ein möglichst nahe bei x^* liegendes x so zu finden, dass die Identität $F(x) = y^\delta$ möglichst gut erfüllt ist. Eine sinnvolle Wahl des Elements x^* setzt ein ungefähres Wissen um die eigentlich gesuchte Lösung von $F(x) = y$ voraus. Wenn man ein solches Vorauswissen nicht hat, setzt man $x^* = 0$ und gelangt zu (5.20) mit $L = I_n$. Unter den im nächsten Satz angegebenen Bedingungen hat (5.21) eine Lösung.

Satz 5.4 (Existenz einer Lösung des regularisierten Ausgleichsproblems) *Es sei $\lambda > 0$, $D \subseteq \mathbb{R}^n$ sei abgeschlossen und $F : D \to \mathbb{R}^m$ stetig. Dann existiert mindestens ein Minimierer $x_\lambda \in D$ der Funktion T_λ aus (5.21).*

Beweis Da $T_\lambda(x) \ge 0$ für alle $x \in D$ existiert das Infimum $\mu := \inf\{T_\lambda(x); x \in D\}$. Zu jedem $n \in \mathbb{N}$ gibt es dann ein $x_n \in D$ so, dass $T_\lambda(x_n) \le \mu + 1/n$. Somit sind die Folgen

$(F(x_n))_{n \in \mathbb{N}}$ und $(x_n)_{n \in \mathbb{N}}$ beschränkt. Nach dem Satz von Bolzano-Weierstraß gibt es eine konvergente Teilfolge $(x_{n_k})_{k \in \mathbb{N}}$ von $(x_n)_{n \in \mathbb{N}}$ mit $x_{n_k} \to \bar{x} \in D$ (D ist abgeschlossen) und $F(x_{n_k}) \to \bar{y} = F(\bar{x})$ (F ist stetig). Dann gilt wegen der Stetigkeit von T_λ auch $T_\lambda(\bar{x}) = \lim_{k \to \infty} T_\lambda(x_{n_k}) = \mu$, also ist $x_\lambda = \bar{x}$ ein Minimierer. $\square$

Die Berechnung eines Minimierers x_λ von T_λ ist stabil (robust) im folgenden Sinn. Sei $(y^{\delta n})_{n \in \mathbb{N}} \subset Y$ eine Folge mit $y^{\delta n} \to y^\delta$ und $(x_n)_{n \in \mathbb{N}} \subset D$ eine entsprechende Folge von Minimierern, das heißt x_n minimiere

$$T_{\lambda,n} : D \to \mathbb{R}, \quad x \mapsto T_{\lambda,n}(x) := \|F(x) - y^{\delta n}\|_2^2 + \lambda \|x - x^*\|_2^2.$$

Nun ist

$$T_{\lambda,n}(x_n) \leq \left(\|F(x_\lambda) - y^\delta\|_2 + \|y^\delta - y^{\delta n}\|_2 \right)^2 + \lambda \|x_\lambda - x^*\|_2^2 \to T_\lambda(x_\lambda),$$

also ist $(T_{\lambda,n}(x_n))_{n \in \mathbb{N}}$ eine beschränkte Folge. Genau wie im Beweis von Satz 5.4 lässt sich daraus folgern, dass $(x_n)_{n \in \mathbb{N}}$ eine konvergente Teilfolge besitzt und dass jede konvergente Teilfolge von $(x_n)_{n \in \mathbb{N}}$ gegen einen Minimierer von T_λ konvergiert. Wenn x_λ eindeutig ist, dann muss sogar $x_n \to x_\lambda$ gelten und die Minimierung von T_λ ist dann wohlgestellt im Sinn von Hadamard (Definition 1.13).

Eingangs wurde vorausgesetzt, dass die Menge $\{x \in D;\ F(x) = y\}$ nicht leer sei. Wenn F stetig ist, ist sie außerdem abgeschlossen und mit dem gleichen Argument wie beim Beweis von Satz 5.4 zeigt man, dass es dann mindestens ein Element

$$\hat{x} \in D \text{ mit } F(\hat{x}) = y \text{ und } \|\hat{x} - x^*\|_2 = \min\{\|x - x^*\|_2;\ x \in D,\ F(x) = y\} \quad (5.22)$$

gibt. Ein solches $\hat{x}$ heißt x^*-**Minimum-Norm-Lösung** der Gleichung $F(x) = y$. Der folgende Satz gibt Bedingungen für die Wahl des Parameters λ an, unter denen (5.21) ein konvergentes Regularisierungsverfahren für die Berechnung einer x^*-Minimum-Norm-Lösung ist.

Satz 5.5 (Konvergenz der regularisierten Lösung) *Es sei D abgeschlossen und F stetig. Es sei $(\delta_n)_{n \in \mathbb{N}}$ eine positive Nullfolge und zu jedem δ_n werde ein positiver Parameter $\lambda_n = \lambda_n(\delta_n) > 0$ so gewählt, dass*

$$\lambda_n \to 0 \quad und \quad \frac{\delta_n^2}{\lambda_n} \to 0 \quad f\ddot{u}r\ n \to \infty. \tag{5.23}$$

Zu jedem Folgenglied δ_n sei $y^{\delta n} \in \mathbb{R}^m$ so, dass $\|y - y^{\delta n}\|_2 \leq \delta_n$ und es sei x_n ein Minimierer von

$$T_{\lambda_n}(x) := \|F(x) - y^{\delta n}\|_2^2 + \lambda_n \|x - x^*\|_2^2.$$

Dann enthält die Folge $(x_n)_{n \in \mathbb{N}}$ eine konvergente Teilfolge, die gegen eine x^*-Minimum-Norm-Lösung $\hat{x}$ der Gleichung $F(x) = y$ konvergiert. Gibt es nur eine einzige x^*-Minimum-Norm-Lösung, dann gilt sogar $x_n \to \hat{x}$ für $n \to \infty$.

Beweis Als Minimierer von T_{λ_n} erfüllt x_n die Ungleichung

$$T_{\lambda_n}(x_n) \leq T_{\lambda_n}(\hat{x}) \leq \delta_n^2 + \lambda_n \|\hat{x} - x^*\|_2^2 \qquad (5.24)$$

(hierbei wurde $\|F(\hat{x}) - y^{\delta_n}\|_2 = \|y - y^{\delta_n}\|_2 \leq \delta_n$ benutzt; $\hat{x}$ ist irgendeine fest gewählte x^*-Minimum-Norm-Lösung). Die rechte Seite von (5.24) konvergiert gegen 0, also gilt auch $\|F(x_n) - y\|_2 \leq \|F(x_n) - y^{\delta_n}\|_2 + \|y - y^{\delta_n}\|_2 \to 0$ und das bedeutet $F(x_n) \to y$. Division von (5.24) durch λ_n zeigt

$$\frac{1}{\lambda_n} \|F(x_n) - y^{\delta_n}\|_2 + \|x_n - x^*\|_2 \leq \frac{\delta_n^2}{\lambda_n} + \|\hat{x} - x^*\|_2 \to \|\hat{x} - x^*\|_2.$$

Also ist die Folge $(x_n)_{n \in \mathbb{N}}$ beschränkt mit $\limsup_{n \to \infty} \|x_n - x^*\|_2 \leq \|\hat{x} - x^*\|_2$. Nach dem Satz von Bolzano-Weierstraß besitzt sie eine konvergente Teilfolge $(x_{n_k})_{k \in \mathbb{N}}$ mit $x_{n_k} \to \bar{x} \in D$. Wegen der Stetigkeit von F ist $F(\bar{x}) = y$. Außerdem ist

$$\|\bar{x} - x^*\|_2 = \lim_{k \to \infty} \|x_{n_k} - x^*\|_2 \leq \limsup_{n \to \infty} \|x_n - x^*\|_2 \leq \|\hat{x} - x^*\|_2,$$

das heißt $\bar{x}$ ist selbst eine x^*-Minimum-Norm-Lösung. Es wurde gerade gezeigt, dass jede Minimierer-Folge $(x_n)_{n \in \mathbb{N}}$ mindestens einen Häufungspunkt hat und dass jeder Häufungspunkt eine x^*-Minimum-Norm-Lösung ist. Wenn es also genau eine x^*-Minimum-Norm-Lösung gibt, hat die beschränkte Folge $(x_n)_{n \in \mathbb{N}}$ genau einen Häufungspunkt und ist deswegen konvergent. $\qquad \square$

Nun folgt noch eine Aussage über die Konvergenzrate einer regularisierten Lösung. Dazu zunächst eine Darstellung des Fehlers, der bei der Linearisierung einer vektorwertigen Funktion gemacht wird –siehe etwa [16], S. 284. Es sei $F : D \to \mathbb{R}^m$ zweimal stetig differenzierbar. Die Punkte x_0 und $x_0 + h$ mögen mitsamt ihrer Verbindungsstrecke in D liegen. Dann gilt

$$F(x_0 + h) = F(x_0) + F'(x_0)h + r(x_0, h)$$

wobei die Komponenten des Vektors $r(x_0, h)$ durch

$$r_i(x_0, h) = \sum_{j,k=1}^{n} \left(\int_0^1 \frac{\partial^2 F_i}{\partial x_j \partial x_k}(x_0 + th)(1 - t) \, dt \right) h_j h_k, \quad i = 1, \ldots, m \qquad (5.25)$$

gegeben sind. Mit h_j, h_k sind die Komponenten von h gemeint.

Satz 5.6 (Konvergenzrate der Regularisierung) *Es sei $\lambda > 0$, $D \subseteq \mathbb{R}^n$ sei abgeschlossen und konvex, $F : D \to \mathbb{R}^m$ sei zweimal stetig differenzierbar und x_0 sei eine x^*-Minimum-Norm-Lösung der Gleichung $F(x) = y$. Es sei $y^{\delta} \in \mathbb{R}^m$ mit $\|y - y^{\delta}\|_2 \leq \delta$ für ein $\delta > 0$. Es sei x_{λ} ein Minimierer von (5.21). Es existiere ein $w \in \mathbb{R}^m$ so, dass*

$$x_0 - x^* = F'(x_0)^T w \qquad (5.26)$$

und mit diesem w und dem Restglied $r(x_0, h)$ für $h := x_\lambda - x_0$ gemäß (5.25) gelte

$$2w^T r(x_0, h) \leq \varrho \|h\|_2^2, \quad \varrho < 1. \tag{5.27}$$

Falls mit Konstanten $C_1, C_2 > 0$ beziehungsweise $1 \leq \tau_1 \leq \tau_2$

$$C_1\delta \leq \lambda \leq C_2\delta \quad \text{beziehungsweise} \quad \tau_1\delta \leq \|F(x_\lambda) - y^\delta\|_2 \leq \tau_2\delta \tag{5.28}$$

gilt, dann ist

$$\|x_\lambda - x_0\|_2 \leq C\sqrt{\delta} \tag{5.29}$$

mit einer Konstanten C. Insbesondere kann es nur eine x^*-Minimum-Norm-Lösung x_0 geben, so dass alle obigen Bedingungen erfüllt sind.

Beweis Nach Satz 5.4 gibt es einen Minimierer x_λ von T_λ. Dann ist

$$T_\lambda(x_\lambda) = \|F(x_\lambda) - y^\delta\|_2^2 + \lambda\|x_\lambda - x^*\|_2^2 \leq T_\lambda(x_0) \leq \delta^2 + \lambda\|x_0 - x^*\|_2^2,$$

denn $F(x_0) = y$ und $\|y - y^\delta\|_2 \leq \delta$. Hieraus folgt

$$\|F(x_\lambda) - y^\delta\|_2^2 + \lambda\|x_\lambda - x_0\|_2^2$$
$$= \|F(x_\lambda) - y^\delta\|_2^2 + \lambda\left(\|x_\lambda - x^*\|_2^2 + \|x_\lambda - x_0\|_2^2 - \|x_\lambda - x^*\|_2^2\right)$$
$$\leq \delta^2 + \lambda\left(\|x_0 - x^*\|_2^2 + \|x_\lambda - x_0\|_2^2 - \|x_\lambda - x^*\|_2^2\right)$$
$$= \delta^2 + 2\lambda\left(x_0 - x^*\right)^T(x_0 - x_\lambda) = \delta^2 + 2\lambda w^T\left(F'(x_0)(x_0 - x_\lambda)\right),$$

wobei für die letzte Identität (5.26) benutzt wird. Mit $F(x_0) = y$ kann

$$F'(x_0)(x_0 - x_\lambda) = \left(y - y^\delta\right) + \left(y^\delta - F(x_\lambda)\right) + \left(F(x_\lambda) - F(x_0) - F'(x_0)(x_\lambda - x_0)\right)$$

geschrieben werden. Ferner ist $F(x_\lambda) - F(x_0) - F'(x_0)(x_\lambda - x_0) = r(x_0, h)$ und unter Benutzung von (5.27) folgt dann aus obiger Ungleichung

$$\|F(x_\lambda) - y^\delta\|_2^2 + \lambda\|x_\lambda - x_0\|_2^2 \leq \delta^2 + 2\lambda\delta\|w\|_2 +$$
$$2\lambda\|w\|_2\|F(x_\lambda) - y^\delta\|_2 + \lambda\varrho\|x_\lambda - x_0\|_2^2.$$

Man erhält damit zunächst

$$\|F(x_\lambda) - y^\delta\|_2^2 + \lambda(1 - \varrho)\|x_\lambda - x_0\|_2^2$$
$$\leq \delta^2 + 2\lambda\delta\|w\|_2 + 2\lambda\|w\|_2\|F(x_\lambda) - y^\delta\|_2, \tag{5.30}$$

was sich auch in der Form

$$\left(\|F(x_\lambda) - y^\delta\|_2 - \lambda\|w\|_2\right)^2 + \lambda(1 - \varrho)\|x_\lambda - x_0\|_2^2 \leq (\delta + \lambda\|w\|_2)^2 \tag{5.31}$$

schreiben lässt. Diese Ungleichung gilt wegen $\varrho < 1$ erst recht, wenn auf der linken Seite der erste Summand weggelassen wird, so dass

$$\|x_\lambda - x_0\|_2 \leq \frac{\delta + \lambda\|w\|_2}{\sqrt{\lambda} \cdot \sqrt{1 - \varrho}} \leq \frac{\delta + C_2\delta\|w\|_2}{\sqrt{C_1}\sqrt{\delta} \cdot \sqrt{1 - \varrho}} = C\sqrt{\delta}$$

folgt, sofern $C_1\delta \leq \lambda \leq C_2\delta$. Sofern $\tau_1\delta \leq \|F(x_\lambda) - y^\delta\|_2 \leq \tau_2\delta$, folgt aus (5.30)

$$\tau_1^2\delta^2 + \lambda(1 - \varrho)\|x_\lambda - x_0\|_2^2 \leq \delta^2 + 2\lambda\delta\|w\|_2 + 2\lambda\|w\|_2\tau_2\delta,$$

wegen $(1 - \tau_1^2) \leq 0$ also

$$\lambda(1 - \varrho)\|x_\lambda - x_0\|_2^2 \leq 2\lambda\|w\|_2(1 + \tau_2)\delta$$

und somit ebenfalls die Abschätzung (5.29). Da $C\sqrt{\delta}$ für $\delta \to 0$ beliebig klein wird, kann es nicht zwei verschiedene x^*-Minimum-Norm-Lösungen geben, für welche die Bedingungen des Satzes erfüllt sind (auch dann, wenn es mehrere x^*-Minimum-Norm-Lösungen geben sollte). □

Es kann durchaus sein, dass die Menge

$$M_\lambda := \{\hat{x} \in D;\ T_\lambda(\hat{x}) \leq T_\lambda(x) \text{ für alle } x \in D\}$$

der Minimierer von T_λ mehr als ein Element hat. Da jedoch T_λ für jedes Element $x_\lambda \in M_\lambda$ denselben Wert annimmt, ist $\tau : (0, \infty) \to \mathbb{R}_0^+,\ \lambda \mapsto T_\lambda(x_\lambda)$ eine Funktion von λ, von der sich mit einer zum Beweis von Satz 5.4 ganz ähnlichen Technik beweisen lässt, dass sie stetig ist. Im Allgemeinen keine Funktion von λ ist

$$J(x_\lambda) := \|F(x_\lambda) - y^\delta\|_2 = T_\lambda(x_\lambda) - \lambda\|x_\lambda - x^*\|_2,$$

denn dieser Ausdruck nimmt bei festem λ für verschiedene Elemente $x_\lambda \in M_\lambda$ unterschiedliche Werte an. Es gilt aber weiterhin die Monotoniebeziehung

$$J(x_{\lambda_1}) \leq J(x_{\lambda_2}) \quad \text{für} \quad 0 < \lambda_1 < \lambda_2, \quad x_{\lambda_1} \in M_{\lambda_1}, \quad x_{\lambda_2} \in M_{\lambda_2}, \tag{5.32}$$

die sich genau wie im Beweis von Satz 4.6 zeigen lässt. Falls für jeden Wert $0 < \lambda \leq \lambda_0$ ein *eindeutiger* Minimierer x_λ von T_λ existiert, dann handelt es sich bei $\iota : (0, \lambda_0] \to \mathbb{R}_0^+$, $\lambda \to J(x_\lambda)$ ebenfalls um eine Funktion von λ, welche dann auch stetig ist. Im Allgemeinen sind jedoch Sprünge in den Werten von $J(x_\lambda)$ nicht ausgeschlossen und das verallgemeinerte Diskrepanzprinzip, wie es in der zweiten Alternative von (5.28) formuliert ist, trägt dem Rechnung. In [29] wird für $\tau_1 = 1$ gezeigt, dass es stets einen Wert $\lambda > 0$ mit $\tau_1\delta \leq \|F(x_\lambda) - y^\delta\|_2 \leq \tau_2\delta$ gibt, wenn (F stetig ist und) $\|F(x^*) - y^\delta\|_2 > \tau_2\delta$ gilt. Diese Bedingung ist nicht sonderlich einschränkend. Sollte sie nicht erfüllt sein, wird man x^* selbst als Näherung einer x^*-Minimum-Norm-Lösung wählen.

Bei der Anwendung obiger Resultate auf das Beispiel der Parameteridentifikation zeigt sich, wie sehr es auf eine geeignete Wahl des Elements x^* ankommt.

Beispiel 5.7 (Parameteridentifikation, Teil 3) Weiterhin wird das Beispiel 5.3 der Parameteridentifikation betrachtet. Es geht also um das nichtlineare Ausgleichsproblem

$$\min\left\{\|\Phi^*(\alpha) - y^\delta\|_2^2;\ \alpha \in D \subseteq \mathbb{R}^{n-1}\right\},\ y^\delta := \begin{pmatrix} \upsilon^\delta \\ \alpha_0^* \end{pmatrix},\ \|\upsilon - \upsilon^\delta\|_2 \le \delta. \quad (5.33)$$

wobei der durch (5.11) definierte zulässige Bereich D abgeschlossen und konvex ist. Aus (5.15) sieht man, dass zu gegebenem $y \in \Phi^*(D)$ ein $\hat{\alpha} \in D$ mit $\Phi^*(\hat{\alpha}) = y$ existiert, das genau in jenen seiner letzten $n-1$ Komponenten $\hat{\alpha}_j$, $j = 1, \ldots, n-1$, unbestimmt bleibt, für die $\upsilon_j - \upsilon_{j+1} = 0$ (hierbei: $\upsilon_n := 0$). Gibt man sich irgendein Referenzelement $\alpha^* \in D$ vor, dann gibt es eine eindeutig bestimmte α^*-Minimum-Norm-Lösung $\hat{\alpha} \in D$ der Gleichung $\Phi^*(\alpha) = y$. Diese ist in ihren durch (5.15) nicht bestimmten Komponenten durch $\hat{\alpha}_j = \alpha_j^*$ festgelegt. Nun wird die (5.21) entsprechende regularisierte Version von (5.33) betrachtet, die Minimierung von

$$\hat{T}_\lambda(\alpha) := \|\Phi^*(\alpha) - y^\delta\|_2^2 + \lambda\|\alpha - \alpha^*\|_2^2,\quad \alpha \in D. \quad (5.34)$$

Bei Wahl des Regularisierungsparameters gemäß Satz 5.5 konvergiert eine Folge $(\alpha_{\lambda_n})_{n\in\mathbb{N}}$ von Minimierern von (5.34) gegen das eindeutig bestimmte $\hat{\alpha}$.

Es lässt sich nachweisen, dass die in Satz 5.6 gemachten Voraussetzungen erfüllt sind, *sofern $\hat{\alpha}$ und α^* nahe genug beisammen liegen.* Da $\hat{\alpha}$ eine Lösung der Gleichung $\Phi^*(\alpha) = y$ ist bedeutet dies, dass man für eine geeignete Wahl von α^* ein genügend gutes Vorauswissen um die Lösung(en) von $\Phi^*(\alpha) = y$ benötigt.

Als konkretes Zahlenbeispiel wurden die Funktionen a, f und u wie in Beispiel 5.3 gewählt. Es wurden die exakt gleichen fehlerbehafteten Messwerte $\upsilon_j^\delta = u(x_j) + \eta_j$ wie in Beispiel 5.3 verwendet, die Störungen η_j sind also $N(0, \sigma^2)$-normalverteilt mit $\sigma = 10^{-3}$. Für υ^δ wird dann

$$\|\upsilon - \upsilon^\delta\|_2 \approx \delta := \sqrt{n-1}\sigma$$

erwartet. Zu jedem $\lambda \ge 0$ sei α_λ ein Minimierer von $\hat{T}_\lambda$ aus (5.34). (Das Prinzip eines numerischen Verfahrens zur Berechnung von α_λ wird erst in Abschn. 5.4 beschrieben.) Damit ist es möglich, Werte

$$g(\lambda) := \|\Phi(\alpha_\lambda) - \upsilon^\delta\|_2 - \delta \quad (5.35)$$

zu berechnen.[2] Spezieller als in (5.28) wird mit der in [28], Seite 359 ff. beschriebenen **Methode von Brent** (in MATLAB als Funktion `fzero` implementiert) versucht, ein $\hat{\lambda}$

---

[2] Die Hessematrix von $\hat{T}_\lambda$ ist positiv definit in einer genügend kleinen Umgebung eines Minimierers und bei einem genügend großem $\lambda > C\delta$. Ein Minimierer α_λ ist damit wenigstens „lokal eindeutig" und mit dieser Einschränkung ist g eine (stetige) Funktion. Bei nicht gegebener Eindeutigkeit von α_λ hängt der Wert $g(\lambda)$ davon ab, welcher Minimierer von einem numerischen Verfahren gefunden wird.

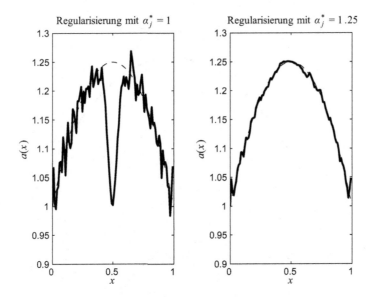

Abb. 5.2 Nach (5.21) und Diskrepanzprinzip regularisierte Rekonstruktionen

mit $g(\hat{\lambda}) = 0$ zu finden. Die Methode von Brent benötigt ein „Einschließungsintervall" für $\hat{\lambda}$, das heißt im vorliegenden Fall wegen der monoton steigenden Werte $g(\lambda)$ zwei Parameter $\lambda_1 < \lambda_2$ mit $g(\lambda_1) < 0$ und $g(\lambda_2) > 0$. Die Wahl $\lambda_1 = 0$ liegt auf der Hand. Der Wert λ_2 wurde durch Ausprobieren gefunden: ein erster Versuchswert $\lambda_2 = 10$ wurde so lange verdoppelt, bis $g(\lambda_2) > 0$ erreicht war. In Abb. 5.2 werden zwei auf diese Art unternommene Rekonstruktionsversuche von a gezeigt, links im Bild für $\alpha^* = (1, \dots, 1)^T$, rechts für $\alpha^* = (5/4, \dots, 5/4)^T$. Das erste Ergebnis ist völlig unbrauchbar, die Regularisierungsbedingung „zieht die Lösung in die falsche Richtung". Beim zweiten Versuch wird an der kritischen Stelle $x = 1/2$ „in die richtige Richtung gezogen", weil dort der richtige Wert von a als bekannt vorausgesetzt wird. In der Praxis dürfte man eine solche Information jedoch gerade nicht haben.

Betrachtet wird nun alternativ für $\lambda > 0$ die gemäß (5.20) regularisierte Zielfunktion

$$\hat{Z}_\lambda(\alpha) := \|\Phi^*(\alpha) - y^\delta\|_2^2 + \lambda\|L\alpha\|_2^2 = \left\|\begin{pmatrix} \Phi(\alpha) - v^\delta \\ \alpha_0 - \alpha_0^* \\ \sqrt{\lambda}L\alpha \end{pmatrix}\right\|_2^2 \qquad (5.36)$$

und das zugehörige regularisierte Ausgleichsproblem

$$\min\left\{\hat{Z}_\lambda(\alpha); \; \alpha \in D\right\}, \qquad (5.37)$$

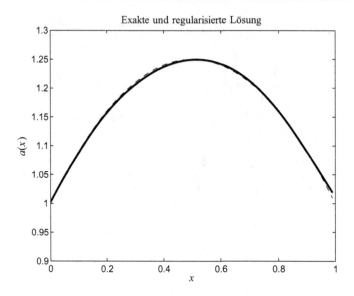

Abb. 5.3 Nach (5.20) und Diskrepanzprinzip regularisierte Rekonstruktion

wobei L wie in (4.14) gewählt wird, also

$$L = \begin{pmatrix} -1 & 2 & -1 & 0 & 0 & 0 & 0 & \cdots & 0 \\ 0 & -1 & 2 & -1 & 0 & 0 & 0 & \cdots & 0 \\ \vdots & & & & \ddots & & & & \vdots \\ 0 & \cdots & 0 & 0 & 0 & -1 & 2 & -1 & 0 \\ 0 & \cdots & 0 & 0 & 0 & 0 & -1 & 2 & -1 \end{pmatrix} \in \mathbb{R}^{n-2,n},$$

so dass $L\alpha = 0$, wenn α eine lineare Funktion repräsentiert. Die Kopplung der Terme $\|\Phi^*(\alpha) - y^\delta\|_2^2$ und $\|L\alpha\|_2^2$ im regularisierten Zielfunktional entspricht dem Wunsch, das Rekonstrukt der Koeffizientenfunktion a möge wenig gekrümmt (wenig oszillierend) sein. Erneut werden dieselben Zahlenwerte benutzt und eine Rekonstrukt von a über die Minimierung von (5.36) bestimmt (Regularisierungsparameter nach dem Diskrepanzprinzip). In Abb. 5.3 wird das nun sehr gute erzielte Ergebnis einer Rekonstruktion mitsamt der gestrichelt gezeichnet exakten Lösung gezeigt. In diesem Fall passt der gewählte Regularisierungsterm zur wahren Lösung. *Im Vergleich der Abb. 5.2 und 5.3 zeigt sich erneut, dass Regularisierung keine Wunder vollbringt. Sie bringt einen dorthin, wohin man gehen möchte –in welcher Richtung das Ziel liegt, muss man jedoch selbst wissen.*   ◇

5.4 Lösung nichtlinearer Ausgleichsprobleme

Für die Zielfunktionen Z_λ beziehungsweise T_λ aus (5.20) und (5.21) gilt

$$Z_\lambda(x) = \left\| \begin{pmatrix} F(x) \\ \sqrt{\lambda}Lx \end{pmatrix} - \begin{pmatrix} y^\delta \\ 0 \end{pmatrix} \right\|_2^2, \quad T_\lambda(x) = \left\| \begin{pmatrix} F(x) \\ \sqrt{\lambda}x \end{pmatrix} - \begin{pmatrix} y^\delta \\ \sqrt{\lambda}x^* \end{pmatrix} \right\|_2^2.$$

Es genügt deswegen, nichtlineare Ausgleichsprobleme der allgemeinen Bauart

$$\text{Minimiere} \quad Z(x) := \frac{1}{2}\|F(x) - y\|_2^2, \quad x \in D, \tag{5.38}$$

zu betrachten. Es wird vorausgesetzt, dass $F : D \subseteq \mathbb{R}^n \to \mathbb{R}^m$ zweimal stetig differenzierbar ist. Zunächst wird nur der Fall $D = \mathbb{R}^n$ (keine Nebenbedingungen) betrachtet. Für den Gradienten und die Hessematrix von Z erhält man

$$\nabla Z(x) = F'(x)^T(F(x) - y),$$

$$\nabla^2 Z(x) = F'(x)^T F'(x) + \sum_{i=1}^m (F_i(x) - y_i)\nabla^2 F_i(x), \tag{5.39}$$

wobei F_i die Komponentenfunktionen des Vektorfelds F, $\nabla^2 F_i$ deren Hessematrizen und $F'(x)$ die Funktionalmatrix (Jacobimatrix) von F an der Stelle x ist. Das bekannte **Newton-Verfahren** ist ein iteratives Verfahren zur Berechnung einer Nullstelle $\nabla Z(\hat{x}) = 0$. Ausgehend von einem **Startwert** $x^0 \in D$ werden für $i = 0, 1, 2, \ldots$ sukzessive Näherungen

$$x^{i+1} := x^i + s \quad \text{mit} \quad \nabla^2 Z(x^i)s = -\nabla Z(x^i)$$

von $\hat{x}$ berechnet, s ist also Nullstelle der Linearisierung

$$\nabla Z(x^i + s) \approx \nabla Z(x^i) + \nabla^2 Z(x^i)s.$$

Ein Quasi-Newton-Verfahren erhält man, wenn man eine Näherung der Hessematrix $\nabla^2 Z(x)$ verwendet. Hier bietet sich die Verwendung von

$$\nabla^2 Z(x) \approx F'(x)^T F'(x)$$

an. Diese Näherung ist insbesondere dann sinnvoll, wenn das hinter (5.38) stehende Gleichungssystem $F(x) = y$ nahezu konsistent ist, weil dann die Beiträge der Hessematrizen $\nabla^2 F_i(x)$ zu $\nabla^2 Z(x)$ in (5.39) durch kleine Werte $|F_i(x)-y_i|$ stark gedämpft werden. Man erhält so das sogenannte **Gauß-Newton-Verfahren**. Dieses berechnet zu einer vorhandenen Näherung x^i von $\hat{x}$ eine nächste Näherung x^{i+1} gemäß folgender drei Teilschritte

Gauß-Newton-Schritt
(a) Berechne $b := F(x^i) - y$ und $J := F'(x^i)$.
(b) Löse $J^T b + J^T J s = 0$ nach s auf.
(c) Setze $x^{i+1} := x^i + s$.

Auf das gleiche Verfahren kommt man, wenn man die Funktion F im Punkt x^i linearisiert:

$$F(x^i + s) - y \approx F(x^i) - y + F'(x^i)s = b + Js$$

und dann das lineare Ausgleichsproblem

$$\text{Minimiere} \quad \|b + Js\|_2, \quad s \in \mathbb{R}^n,$$

löst. Der Vektor s heißt **Suchrichtung**. Wenn $\text{Rang}(J) = n$, dann ist $J^T J$ und damit auch $(J^T J)^{-1}$ positiv definit. Daraus folgt

$$-\nabla Z(x^i)^T s = -b^T J s = b^T J (J^T J)^{-1} J^T b > 0$$

und dies bedeutet, dass s ebenso wie der negative Gradient $-\nabla Z(x^i)$ in Richtung absteigender Funktionswerte von Z zeigt.[3] Damit ist aber noch nicht gesagt, dass $Z(x^{i+1}) < Z(x^i)$. Es könnte nämlich sein, dass s zwar in die richtige Richtung zeigt, aber über eine Talsohle von Z hinausschießt und einen gegenüberliegenden Abhang wieder nach oben klettert. Deswegen muss obiger Teilschritt (c) um eine sogenannte **Schrittweitensteuerung** ergänzt werden. Es wird

$$\textit{nicht} \quad x^{i+1} = x^i + s, \quad \textit{sondern} \quad x^{i+1} = x^i + \mu s$$

gesetzt mit einem $\mu \in (0, 1]$ so, dass $Z(x^{i+1}) < Z(x^i)$.

Eine andere Art der Schrittweitensteuerung, bei der gleichzeitig die Suchrichtung gegenüber der Quasi-Newton-Richtung abgeändert wird, besteht darin, s als

$$\text{Minimierer von} \quad \|b + Js\|_2 \quad \text{unter der Nebenbedingung} \quad \|s\|_2 \leq \Delta$$

mit einem zu wählenden Parameter Δ zu bestimmen. Dies ist die Idee der **Trust-Region-Verfahren**, insbesondere des Verfahrens von **Levenberg-Marquardt**. Die Nebenbedingung definiert eine Kugel mit Mittelpunkt x^i, innerhalb derer die Linearisierung als eine genügend gute Approximation von F angesehen wird. Besser noch ist es, s zu bestimmen als

$$\text{Minimierer von} \quad \|b + Js\|_2 \quad \text{unter der Nebenbedingung} \quad \|Ds\|_2 \leq \Delta \tag{5.40}$$

---

[3] Dies gilt auch ohne die Annahme $\text{Rang}(J) = n$, sofern nur $\nabla Z(x^i) \neq 0$, siehe [2], S. 343.

mit einer positiv definiten Diagonalmatrix D. In (5.40) wird die Kugel, in der die Linearisierung $F(x^i + s) - y \approx b + Js$ als vertrauenswürdig angesehen wird, verzerrt. Damit kann man unterschiedlich starken Änderungsraten von F in unterschiedlichen Richtungen Rechnung tragen. Die Parameter D und Δ werden im Lauf der Iteration geändert, wie etwa in [24] beschrieben. Es ist (5.40) äquivalent zur Lösung von

$$(J^T J + \lambda D^T D)s = -J^T b \tag{5.41}$$

mit einem zu Δ passenden Lagrange-Parameter λ. In der Tat wird hier also nicht nur die Länge der Suchrichtung beschränkt, sondern diese auch gegenüber dem Gauß-Newton-Verfahren geändert. Der „richtige" Parameter λ muss in einem Iterationsprozess wie in Abschn. 4.2 gefunden werden. Dies ist bei großen Dimensionen n sehr rechenaufwändig und hat zur Idee geführt, (5.40) nur eingeschränkt für Kandidaten s aus einem niedrigdimensionalen (zweidimensionalen) Teilraum des $\mathbb{R}^n$ zu lösen. Siehe hierzu [4].

In MATLAB wird mit der Funktion lsqnonlin eine Implementierung des in [4] beschriebenen Algorithmus angeboten. Dabei können auch zulässige Bereiche

$$D = \{x \in \mathbb{R}^n;\ \ell \le x \le r\}, \quad \ell, r \in \mathbb{R}^n,$$

mit $-\infty \le \ell_i < r_i \le \infty$ für $i = 1, \ldots, n$ (also genau wie in (5.11) benötigt) berücksichtigt werden. Die Funktion lsqnonlin wurde zur Lösung der nichtlinearen Ausgleichsprobleme in Abschn. 5.3 verwendet. Es verbleibt die oft aufwändige Berechnung der Funktionalmatrix $J = F'(x^i)$, die in jedem Iterationspunkt x^i zu erfolgen hat.

Beispiel 5.8 (Parameteridentifikation, Teil 4) Zu minimieren ist die in (5.36) definierte Funktion

$$\hat{Z}_\lambda(\alpha) = \| F(\alpha) \|_2^2, \quad F(\alpha) := \begin{pmatrix} \Phi(\alpha) - \upsilon^\delta \\ \alpha_0 - \alpha_0^* \\ \sqrt{\lambda} L\alpha \end{pmatrix}, \quad \alpha \in D.$$

Für die Funktionalmatrix von F in α ergibt sich

$$J = F'(\alpha) = \begin{pmatrix} \Phi'(\alpha) \\ (1, 0, \ldots, 0) \\ \sqrt{\lambda} L \end{pmatrix}, \quad \Phi'(\alpha) \in \mathbb{R}^{n-1,n}, \quad L \in \mathbb{R}^{n-2,n}. \tag{5.42}$$

Die Funktion Φ ist implizit durch die Gleichung $A(\alpha)\Phi(\alpha) = \beta$ (siehe (5.8)–(5.10)) definiert. Implizites Differenzieren dieser Identität nach α_j, $j = 0, \ldots, n - 1$, zeigt

$$\frac{\partial A(\alpha)}{\partial \alpha_j}\Phi(\alpha) + A\frac{\partial \Phi(\alpha)}{\partial \alpha_j} = 0, \quad j = 0, \ldots, n - 1. \tag{5.43}$$

Hier ist $\partial\Phi(\alpha)/\partial\alpha_j$ die $(j+1)$-te Spalte der Matrix $\Phi'(\alpha)$. Die Matrix $\partial A(\alpha)/\partial\alpha_j$ ist konstant und kann mit (5.10) berechnet werden. Es ist

$$\left(\frac{\partial A(\alpha)}{\partial\alpha_0}\Phi(\alpha)\quad\cdots\quad\frac{\partial A(\alpha)}{\partial\alpha_{n-1}}\Phi(\alpha)\right)=:M\in\mathbb{R}^{n-1,n} \tag{5.44}$$

und die Spalten von $M=M(\alpha)$ lauten:

$$Me_1=(\Phi_1(\alpha)/h,0,\ldots,0)^T$$
$$Me_2=((\Phi_1(\alpha)-\Phi_2(\alpha))/h,(-\Phi_1(\alpha)+\Phi_2(\alpha))/h,0,\ldots,0)^T$$
$$\vdots\quad\vdots$$
$$Me_{n-1}=(0,\ldots,0,(\Phi_{n-2}(\alpha)-\Phi_{n-1}(\alpha))/h,(-\Phi_{n-2}(\alpha)+\Phi_{n-1}(\alpha))/h)^T$$
$$Me_n=((0,\ldots,0,\Phi_{n-1}(\alpha)/h)^T.$$

Lediglich eine kompakte Schreibweise für (5.43) ist

$$A\Phi'(\alpha)=-M \tag{5.45}$$

Die Funktionalmatrix $\Phi'(\alpha)$ lässt sich Spalte für Spalte aus (5.45) berechnen durch Lösen von insgesamt n linearen Gleichungssystemen. Häufig jedoch wird die Matrix $J=F'(\alpha)$ gar nicht explizit gebraucht. Möchte man beispielsweise das Gleichungssystem (5.41) lösen, stehen hierfür iterative Verfahren wie zum Beispiel das CG-Verfahren (siehe etwa [7], S. 307 ff.) zur Verfügung, welches in jedem seiner Iterationsschritte lediglich ein Produkt Jv (beziehungsweise $J^T Jv$) für einen vorgegebenen Vektor v benötigt, nicht aber explizit die Matrix J. Nun kann man wegen (5.45)

$$\Phi'(\alpha)v=A^{-1}A\Phi'(\alpha)v=-A^{-1}Mv=:w \tag{5.46}$$

durch Lösen des Gleichungssystems $Aw=-Mv$ berechnen, daraus ergibt sich auch Jv. Die Anzahl zu lösender Gleichungssysteme ist dann nur proportional zur Anzahl der Schritte, die das CG-Verfahren zu seiner Konvergenz benötigt und damit in der Regel sehr viel kleiner als n. $\diamond$

Anhang A: Resultate aus der Linearen Algebra

Als bekannt vorausgesetzt wird das allgemeine Konzept von Vektorräumen über dem Körper der reellen oder der komplexen Zahlen, sowie die Begriffe lineare Abhängigkeit/Unabhängigkeit, Dimension, Untervektorraum und Basis. Speziell benötigt werden die Vektoräume $\mathbb{R}^n$, $n \in \mathbb{N}$, mit Elementen

$$x \in \mathbb{R}^n \quad \Longleftrightarrow \quad x = \begin{pmatrix} x_1 \\ \vdots \\ x_n \end{pmatrix}, \quad \text{alle } x_i \in \mathbb{R}.$$

Gleichwertig ist $x = (x_1, \ldots, x_n)^T$. Das hochgestellte T steht für **transponiert** und bedeutet, dass aus der Zeile eine Spalte wird. Vektoren $b_1, \ldots, b_k \in \mathbb{R}^n$ erzeugen einen Untervektorraum des $\mathbb{R}^n$:

$$\langle b_1, \ldots, b_k \rangle := \mathrm{span}\{b_1, \ldots, b_k\} := \{\lambda_1 b_1 + \ldots + \lambda_k b_k; \ \lambda_1, \ldots, \lambda_k \in \mathbb{R}\}.$$

Man nennt diesen auch den von $b_1, \ldots, b_k$ aufgespannten Raum. Eine **Matrix** wird durch ihre Komponenten angegeben

$$A \in \mathbb{R}^{m,n} \quad \Longleftrightarrow \quad A = \begin{pmatrix} a_{11} & a_{12} & \cdots & a_{1n} \\ a_{21} & a_{22} & \cdots & a_{2n} \\ \vdots & \vdots & & \vdots \\ a_{m1} & a_{m2} & \cdots & a_{mn} \end{pmatrix}, \quad \text{alle } a_{ij} \in \mathbb{R},$$

oder auch durch ihre Spalten

$$A \in \mathbb{R}^{m,n} \quad \Longleftrightarrow \quad A = \begin{pmatrix} a_1 & a_2 & \cdots & a_n \end{pmatrix}, \quad \text{alle } a_j \in \mathbb{R}^m.$$

© Springer-Verlag Berlin Heidelberg 2015

M. Richter, *Inverse Probleme*, Mathematik im Fokus, DOI 10.1007/978-3-662-45811-2

Die Regeln des Matrixprodukts sollten bekannt sein ebenso wie die Tatsache, dass eine Matrix $A \in \mathbb{R}^{m,n}$ eine lineare Abbildung $f : \mathbb{R}^n \to \mathbb{R}^m$, $x \mapsto Ax$ darstellt. Umgekehrt lässt sich jede lineare Abbildung $f : \mathbb{R}^n \to \mathbb{R}^m$ bezüglich einer Basis $\{u_1, \ldots, u_n\}$ des $\mathbb{R}^n$ beziehungsweise $\{v_1, \ldots, v_m\}$ des $\mathbb{R}^m$ in der Form $f(x) = Ax$ darstellen. Die Definitionen der Inversen, der Determinante und des Rangs einer Matrix werden als bekannt vorausgesetzt. Der von den Spalten einer Matrix aufgespannte Raum ist

$$\mathcal{R}_A := \left\{ Ax = \sum_{j=1}^{n} x_j a_j \right\} \subseteq \mathbb{R}^m,$$

seine Dimension ist gleich Rang(A), dem Rang der Matrix. Der Kern (Nullraum) von A ist

$$\mathcal{N}_A := \{x \in \mathbb{R}^n;\ Ax = 0\} \subseteq \mathbb{R}^n.$$

Die Dimension dieses Raums ist $n - \text{Rang}(A)$.

Die Spalten der Einheitsmatrix $I_n \in \mathbb{R}^{n,n}$ werden mit $e_1, \ldots, e_n$ bezeichnet und **kanonischen Einheitsvektoren** des $\mathbb{R}^n$ genannt. Eine Matrix $A \in \mathbb{R}^{m,n}$ mit Komponenten a_{ij} hat eine **Transponierte** $A^T \in \mathbb{R}^{n,m}$ mit Komponenten

$$(A^T)_{ij} := a_{ji} \quad \text{für } i = 1, \ldots, n \text{ und } j = 1, \ldots, m.$$

Es ist $(AB)^T = B^T A^T$ und $(A^{-1})^T = (A^T)^{-1} =: A^{-T}$, wenn die Inverse A^{-1} von A existiert. Wenn $A = A^T$ gilt, dann heißt A **symmetrisch**. Das **Euklidische Skalarprodukt** ist für $x, y \in \mathbb{R}^n$ definiert:

$$\langle x | y \rangle := x^T y = \sum_{i=1}^{n} x_i y_i$$

Man nennt $x, y \in \mathbb{R}^n$ zueinander **orthogonal**, wenn $x^T y = 0$ und schreibt dann $x \perp y$. Wenn für Vektoren $b_1, \ldots, b_k \in \mathbb{R}^n$ gilt: $b_i^T b_j = 0$ für $i \neq j$ und $b_i^T b_i = 1$ für alle i, dann nennt man sie **orthonormal** und im Fall $k = n$ nennt man sie eine **Orthonormalbasis (ONB)**. Eine Matrix $V \in \mathbb{R}^{n,n}$, deren Spalten eine Orthonormalbasis des $\mathbb{R}^n$ bilden, heißt **Orthogonalmatrix**. $V \in \mathbb{R}^{n,n}$ ist genau dann eine Orthogonalmatrix, wenn

$$V^T V = I_n, \quad \text{das heißt} \quad V^{-1} = V^T.$$

Eine Matrix $A \in \mathbb{R}^{n,n}$ hat einen **Eigenvektor** $v \in \mathbb{C}^n$ zum **Eigenwert** $\lambda \in \mathbb{C}$ (können komplexwertig sein!), wenn

$$Av = \lambda v \quad \text{und} \quad v \neq 0.$$

Wenn A symmetrisch ist, dann sind alle Eigenwerte reell und darüber hinaus gibt es eine Orthonormalbasis $\{v_1, \ldots, v_n\} \subset \mathbb{R}^n$ aus Eigenvektoren. In diesem Fall ist

$$Av_i = \lambda_i v_i,\ i = 1, \ldots, n \quad \Longleftrightarrow \quad AV = V\Lambda \quad \Longleftrightarrow \quad V^T A V = \Lambda,$$

wobei $V = (v_1 | \cdots | v_n)$ (Eigenvektoren als Spalten) und $\Lambda = \mathrm{diag}(\lambda_1, \ldots, \lambda_n)$.

Eine Matrix heißt **positiv definit**, wenn sie symmetrisch ist und $x^T A x > 0$ für alle $x \in \mathbb{R}^n \setminus \{0\}$ gilt und sie heißt **positiv semidefinit**, wenn sie symmetrisch ist und wenn $x^T A x \geq 0$ für alle $x \in \mathbb{R}^n$ gilt. Eine Matrix ist positiv definit genau dann, wenn sie symmetrisch ist und alle Eigenwerte positiv sind und sie ist positiv semidefinit genau dann, wenn sie symmetrisch ist und keinen negativen Eigenwert hat. Eine Matrix $A \in \mathbb{R}^{n,n}$ ist genau dann positiv definit, wenn es eine invertierbare obere Dreiecksmatrix $R \in \mathbb{R}^{n,n}$ gibt mit

$$A = R^T R.$$

Diese Faktorisierung heißt **Cholesky-Zerlegung** von A.

Ist $m \geq n$ und $A \in \mathbb{R}^{m,n}$ mit $\mathrm{Rang}(A) = r$, dann ist $A^T A \in \mathbb{R}^{n,n}$ positiv semidefinit mit Eigenwerten $\sigma_1^2 \geq \ldots \geq \sigma_r^2 > 0$ und $\sigma_{r+1}^2 = \ldots = \sigma_n^2 = 0$ und einer ONB aus Eigenvektoren $v_1, \ldots, v_n$:

$$A^T A v_k = \sigma_k^2 v_k, \quad k = 1, \ldots, n.$$

Dann sind $u_k := A v_k / \sigma_k \in \mathbb{R}^m$, $k = 1, \ldots, r$, Eigenvektoren von $A A^T$, denn es gilt $A A^T u_k = A A^T A v_k / \sigma_k = A \sigma_k v_k = \sigma_k^2 u_k$. Diese Vektoren sind auch orthonormal:

$$u_i^T u_k = v_i^T A^T A v_k / (\sigma_i \sigma_k) = v_i^T v_k \sigma_k / \sigma_i = \delta_{i,k}$$

(hier ist $\delta_{i,k} := 0$ für $i \neq k$ und $\delta_{i,i} := 1$ das sogenannte Kronecker-Symbol) und können um $m - r$ orthonormale Vektoren $u_{r+1}, \ldots, u_m$ ergänzt werden, welche den $(m - r)$-dimensionalen Raum $\mathcal{N}_{A^T}$ aufspannen:

$$A^T u_k = 0, \quad k = r + 1, \ldots, m,$$

und damit gleichzeitig Eigenvektoren von $A A^T$ sind. Für $i \leq r < k$ ergibt sich $u_i^T u_k = v_i^T A^T u_k / \sigma_i = v_i^T 0 / \sigma_i = 0$, so dass $U := (u_1 | \cdots | u_m) \in \mathbb{R}^{m,m}$ ebenso wie $V := (v_1 | \cdots | v_n) \in \mathbb{R}^{n,n}$ orthogonal ist. Aus den Definitionen der u_k und v_k erhält man $A v_k = \sigma_k u_k$ für $k = 1, \ldots, r$ und $A v_k = 0$ für $k = r + 1, \ldots, n$, zusammen also

$$AV = U\Sigma \iff A = U\Sigma V^T \quad \text{mit} \quad \Sigma_{i,j} = \sigma_i \delta_{i,j}. \tag{A.1}$$

Man nennt $A = U\Sigma V^T$ die **Singulärwertzerlegung** (*singular value decomposition*, **SVD**) und die Zahlen $\sigma_1 \geq \ldots \geq \sigma_n \geq 0$ die **Singulärwerte** von A. Mit den Transformationen $y = U\eta$ im $\mathbb{R}^m$ beziehungsweise $x = V\xi$ im $\mathbb{R}^n$ zerfällt die lineare Abbildung $\mathbb{R}^n \to \mathbb{R}^m$, $x \mapsto y = Ax$ in r eindimensionale Abbildungen $\eta_i = \sigma_i \xi_i$ und $m - r$ triviale Abbildungen $\eta_i = 0$. Für die numerische Berechnung einer SVD werden nicht die Matrizen $A^T A$ oder $A A^T$ ausmultipliziert, sondern spezielle Verfahren (siehe [7], Abschn. 5.4) verwendet.

Das Paar von Matrizen $A, B \in \mathbb{R}^{n,n}$ hat den sogenannten **verallgemeinerten Eigen-vektor** $v \in \mathbb{C}^n$ zum **verallgemeinerten Eigenvektor** $\lambda \in \mathbb{C}$, wenn

$$Av = \lambda Bv \quad \text{und} \quad v \neq 0.$$

Es seien speziell A positiv semidefinit und B positiv definit. Mit der Cholesky-Faktorisierung $B = R^T R$ und der Transformation $Rv = w$ lässt sich das verallgemeinerte als gewöhnliches Eigenwertproblem

$$R^{-T} A R^{-1} w = \lambda w, \quad w \neq 0,$$

mit positiv semidefiniter Matrix $R^{-T} A R^{-1}$ schreiben. Zu diesem gibt es eine ONB $\{w_1, \ldots, w_n\}$ von Eigenvektoren zu Eigenwerten $\lambda_1, \ldots, \lambda_n \geq 0$. Mit der Orthogonalmatrix $W := (w_1 | \cdots | w_n)$ und der invertierbaren Matrix $V := R^{-1} W$ ergibt sich

$$V^T B V = W^T R^{-T} R^T R R^{-1} W = W^T W = I_n$$

und ebenso

$$V^T A V = W^T (R^{-T} A R^{-1}) W = W^T W \mathrm{diag}(\lambda_1, \ldots, \lambda_n) = \mathrm{diag}(\lambda_1, \ldots, \lambda_n).$$

Zusammengefasst: Sind $A \in \mathbb{R}^{n,n}$ positiv semidefinit und $B \in \mathbb{R}^{n,n}$ positiv definit, dann gibt es eine invertierbare Matrix $V \in \mathbb{R}^{n,n}$ so, dass

$$V^T A V = \mathrm{diag}(\lambda_1, \ldots, \lambda_n), \ \lambda_1, \ldots, \lambda_n \geq 0, \quad \text{und} \quad V^T B V = I_n. \tag{A.2}$$

Eine **Norm** auf $\mathbb{R}^n$ ist eine Abbildung $\| \bullet \| : \mathbb{R}^n \to [0, \infty)$, welche für alle $x, y \in \mathbb{R}^n$ und $\lambda \in \mathbb{R}$ die Eigenschaften

$$\textbf{Definitheit}: \quad \|x\| = 0 \implies x = 0,$$

$$\textbf{Homogenität}: \quad \|\lambda x\| = |\lambda| \cdot \|x\| \text{ und}$$

$$\textbf{Sub-Additivität}: \quad \|x + y\| \leq \|x\| + \|y\|$$

hat. Letztere Ungleichung heißt **Dreiecksungleichung**. Am wichtigsten ist die **Euklidische Norm**

$$\|x\| = \|x\|_2 := \sqrt{x_1^2 + \ldots + x_n^2} = \sqrt{x^T x}.$$

Für sie gilt die Cauchy-Schwarzsche Ungleichung

$$|x^T y| \leq \|x\|_2 \|y\|_2.$$

Sind $b_1, \ldots, b_k \in \mathbb{R}^n$ paarweise orthogonal, dann gilt der **Satz des Pythagoras**

$$\|b_1 + \ldots + b_k\|_2^2 = \|b_1\|_2^2 + \ldots + \|b_k\|_2^2.$$

Außerdem ist für eine Orthogonalmatrix $V \in \mathbb{R}^{n,n}$

$$\|Vx\|_2^2 = x^T V^T V x = x^T x = \|x\|_2^2 \quad \text{für alle} \quad x \in \mathbb{R}^n.$$

Auch für Matrizen $A \in \mathbb{R}^{m,n}$ sind Normen definiert, zum Beispiel die **Spektralnorm**

$$\|A\|_2 := \max \left\{ \frac{\|Ax\|_2}{\|x\|_2}; \ x \in \mathbb{R}^n \right\} = \max \left\{ \|Ax\|_2; \ \|x\|_2 = 1 \right\} .$$

Die Spektralnorm ist ein Spezialfall einer Operatornorm und hat neben den üblichen Normeigenschaften noch die Eigenschaften der

Sub-Multiplikativität : $\quad \|AB\| \leq \|A\| \cdot \|B\|$ und der

Konsistenz : $\quad \|Ax\| \leq \|A\| \cdot \|x\|, \ x \in \mathbb{R}^n.$

Wenn $V \in \mathbb{R}^{n,n}$ orthogonal ist, dann ist $\|V\|_2 = 1$. Wenn außerdem $U \in \mathbb{R}^{m,m}$ orthogonal ist, dann gilt für $A \in \mathbb{R}^{m,n}$:

$$\|A\|_2 = \|UA\|_2 = \|AV\|_2 = \|UAV\|_2.$$

Sei $m \geq n$ und $A = U \Sigma V^T$ die SVD von A mit singulären Werten $\sigma_1 \geq \ldots \geq \sigma_n \geq 0$, dann ist

$$\|A\|_2 = \sigma_1.$$

Wenn weiterhin $\mathbb{M}_k$ die Menge der Matrizen in $\mathbb{R}^{m,n}$ mit Rang $< k$ bezeichnet ($\mathbb{M}_1$ enthält dann lediglich die Nullmatrix), dann lässt sich zeigen, dass für $k = 1, \ldots, n$

$$\min \{\|A - X\|_2; \ X \in \mathbb{M}_k\} \quad = \quad \sigma_k \qquad \text{(A.3)}$$

gilt. Beispielswiese lässt sich für $m = n$ aus $\sigma_n \leq \varepsilon$ schließen, dass A einen Abstand $\leq \varepsilon$ zur Menge der singulären Matrizen hat. Während der exakte Rang einer Matrix unstetig von deren Komponenten abhängt und damit (außer in Spezialfällen) numerisch praktisch unmöglich zu bestimmen ist, lassen sich die singulären Werte einer Matrix sehr stabil berechnen, wie dem folgenden Satz zu entnehmen. Im verallgemeinerten Sinn von (A.3) lässt sich die Frage nach dem Rang einer Matrix also am zuverlässigsten beantworten, indem man deren (kleinste) singuläre Werte berechnet.

Satz A.1 (Sensitivität singulärer Werte) *Es seien $A, \delta A \in \mathbb{R}^{m,n}$ mit $m \geq n$. Die singulären Werte von A seien $\sigma_1 \geq \ldots \geq \sigma_n \geq 0$ und $A + \delta A$ habe singuläre Werte $\tilde{\sigma}_1 \geq \ldots \geq \tilde{\sigma}_n \geq 0$. Dann gilt*

$$|\sigma_i - \tilde{\sigma}_i| \leq \|\delta A\|_2, \quad i = 1, \ldots, n.$$

Das Gleichheitszeichen kann erreicht werden (die Schranke „ist scharf").

Beweis Siehe zum Beispiel [7], S. 198. $\qquad\qquad \square$

Literatur

1. Alt, H.W.: Lineare Funktionalanalysis, 6. Auflage. Springer (2011)

2. Å. Björck: Numerical Methods for Least Squares Problems. SIAM (1996)

3. de Boor, C.: Splinefunktionen. Birkhäuser (1990)

4. Branch, M.A., Coleman, T.F., Li, Y.: A Subspace, Interior, and Conjugate Gradient Method for Large-Scale Bound-Constrained Minimization Problems. SIAM J. Sci. Comput. **21**(1), 1–23 (1999)

5. Dahlquist, G., Å. Björck: Numerical Methods. Prentice Hall (1974)

6. Dahmen, W., Reusken, A.: Numerik für Ingenieure und Naturwissenschaftler. Springer (2006)

7. Demmel, J.W.: Applied Numerical Linear Algebra. SIAM (1997)

8. Engl, H.W.: Integralgleichungen. Springer (1997)

9. Engl, H.W., Kunisch, K., Neubauer, A.: Convergence rates for Tikhonov regularisation of nonlinear ill-posed problems. Inverse Problems **5**, 523–540 (1989)

10. Forster, O.: Analysis 3. Vieweg (1984)

11. Golub, G.H., Heath, M., Wahba, G.: Generalized Cross Validation as a Method for Choosing a Good Ridge Parameter. Technometrics **21**, 215–224 (1979)

12. Groetsch, C.W.: Generalized Inverses of Linear Operators. Dekker (1977)

13. Groetsch, C.W.: Inverse Problems in the Mathematical Sciences. Vieweg (1993)

14. Hansen, P.C.: Analysis of discrete ill-posed problems by means of the L-curve. SIAM Rev. **34**, 561–580 (1992)

15. Heuser, H.: Funktionalanalysis. Teubner (1986)

16. Heuser, H.: Lehrbuch der Analysis, Teil 2. 14. Auflage. Vieweg, Teubner (2008)

17. Hofmann, B.: Mathematik inverser Probleme. Teubner (1999)

18. Kak, A.C., Slaney, M.: Principles of computerized tomographic imaging. IEEE Press (1999)

19. Kirsch, A.: An Introduction to the Mathematical Theory of Inverse Problems. Springer (1996)

20. Larsson, S., Thomée, V.: Partial Differential Equations with Numerical Methods. Springer (2003)

21. Louis, A.K.: Inverse und schlecht gestellte Probleme. Teubner (1989)

22. Matlab: Release 2011b. The MathWorks Inc., Natick, Massachusetts, U.S.A. (2011)

23. Meintrup, D., Schäffler, S.: Stochastik, Theorie und Anwendungen. Springer (2005)

24. Moré, J.J.: The Levenberg-Marquardt algorithm: Implementation and theory. In: G.A. Watson (ed.) Numerical Analysis. Proceedings Biennial Conference Dundee 1977, Lecture Notes in Mathematics, vol. 630, pp. 105–116. Springer (1978)

25. Natterer, F.: Regularisierung schlecht gestellter Probleme durch Projektionsverfahren. Numer. Math. **28**, 329–341 (1977)

26. Natterer, F.: The Mathematics of Computerized Tomography. Teubner and Wiley (1986)

27. Pasciak, J.E.: A note on the Fourier algorithm for image reconstruction. Preprint, Applied Mathematics Department, Brookhaven National Laboratory (1973)

28. Press, W.H., Teukolsky, S.A., Vetterling, W.T., Flannery, B.B.: Numerical Recipes in C, 2nd edition. Cambridge University Press (1992)

29. Ramlau, R.: Morozov's discrepancy principle for Tikhonov regularization of nonlinear operators. Numer. Funct. Anal. Optimization **23**, 147–172 (2002)

30. Reinsch, C.H.: Smoothing by spline functions. Numer. Math. **10**, 177–183 (1967)

31. Rieder, A.: Keine Probleme mit Inversen Problemen. Vieweg (2003)

32. Schäffler, S.: Inverse Probleme bei stochastisch modellierten Daten. Typoskript (2010)

33. Schäffler, S.: Global Optimization. A Stochastic Approach. Springer (2012)

34. Walter, W.: Ordinary Differential Equations. Springer (1998)

Sachverzeichnis

A

Abminderungsfaktoren, 57
Ausgleichsproblem
    linear, 24
    nichtlinear, 107

B

Banachraum, 10
bandbeschränkt, 95
Bandbreite, 95
Beobachtungsoperator, 38
    stochastisch, 41
beschränkte Abbildung, 16
B-Spline, 35

C

Cauchyfolge, 10
chirp-z-Algorithmus, 64
Computertomographie, 7

D

DFT, 57
Direktes Problem, V
Diskrepanzprinzip, 82, 83
Diskrete Fouriertransformation, 57

E

Eigenwertproblem
    verallgemeinert, 122

F

Faltungsgleichung, 4
Faltungslemma, 18
Fehlerquadratmethode, 47
Fouriertransformierte, 18
Fredholmsche Integralgleichung, 4

G

Galerkinverfahren, 46
Generalized Cross Validation, 87

H

Hilbertraum, 12

I

Identifikationsproblem, V
IDFT, 58
Innenproduktraum, 12
Integralgleichung, 3
Inverse diskrete Fouriertransformation, 58
Inverses Problem, V

K

Kern, 4
Kollokationsverfahren, 45
Konditionszahl, 28

L

Landweber-Verfahren, 89
L-Kurven-Kriterium, 87

N

Norm, 10, 122
Normalengleichungen, 24
normierter Raum, 10

O

Operator, 16
    linear, 16
Operatornorm, 16
Orthogonalprojektor, 40

P

Plancherel

Satz von, 18
Prähilbertraum, 12
Projektionsmethode, 43
Projektionssatz, 12
Projektor, 39
Pseudoinverse, 30

R
Radontransformierte, 8
Regularisierung, 67
    konvergent, 68

S
schlecht gestelltes Problem, 19
Shepp-Logan-Phantom, 95
Signal, 5
Singulärwerte, 121
Singulärwertzerlegung, 121
Skalarprodukt, 11

Splinefunktion, 34
Stetigkeit, 16
Steuerungsproblem, V
stückweise stetige Funktion, 14
SVD, 121

T
Tiefpassfilter, 95
Träger, 7

U
Ungleichung
    Cauchy-Schwarz, 12

V
vollständiger Raum, 10

W
wohlgestelltes Problem, 19

Printed in the United States
By Bookmasters